人人都离不开的算法

图解算法应用

许正军　张燕玲　袁岳 \ 编著

清華大学出版社
北 京

内 容 简 介

你是否发现，购物、短视频、资讯等平台背后的智能推荐算法，不断分析着你的购物偏好和浏览习惯；价格算法时刻计算调整着你能购买到的商品价位；导航算法、网约车平台算法和无人驾驶汽车算法等，时刻影响着我们的出行……

无论你是否愿意，我们的生活早已被算法所包围。为了帮助大家全面认知我们当前所处的世界，消弭技术发展过快带来的困扰与隐忧，本书一方面从人工智能算法的五大核心应用领域——公共、商业、医疗、工业、金融的典型场景出发，以通俗化、故事化和漫画化的具体事例，深入解读算法是如何在各行各业具体发挥作用和对日常生活产生影响的；另一方面，将从算法的责任监管和立法治理等角度，阐述算法开发与应用者们应该如何守好伦理底线，让科技向善而行。

本书脉络清晰，图文并茂，无论你是对算法应用感到好奇的小白，还是工作中会接触到算法应用的从业人员，本书都有助于你打开视野，看到算法在实际应用中的波澜壮阔。

图书在版编目（CIP）数据

人人都离不开的算法：图解算法应用 / 许正军，张燕玲，袁岳编著. —北京：清华大学出版社，2022.10
ISBN 978-7-302-61736-5

Ⅰ. ①人… Ⅱ. ①许… ②张… ③袁… Ⅲ. ①计算机算法 Ⅳ. ① TP301.6

中国版本图书馆 CIP 数据核字（2022）第 157356 号

责任编辑： 贾小红
封面设计： 秦 丽
版式设计： 文森时代
责任校对： 马军令
责任印制： 曹婉颖

出版发行： 清华大学出版社
网　　址： http://www.tup.com.cn，http://www.wqbook.com
地　　址： 北京清华大学学研大厦 A 座　**邮　　编：** 100084
社 总 机： 010-83470000　**邮　　购：** 010-62786544
投稿与读者服务： 010-62776969，c-service@tup.tsinghua.edu.cn
质量反馈： 010-62772015，zhiliang@tup.tsinghua.edu.cn
印 装 者： 小森印刷霸州有限公司
经　　销： 全国新华书店
开　　本： 145mm×210mm　**印　　张：** 6.125　**字　　数：** 126 千字
版　　次： 2022 年 10 月第 1 版　**印　　次：** 2022 年 10 月第 1 次印刷
定　　价： 69.80 元

产品编号：096291-01

序　言

1999 年上映的电影《黑客帝国》，为我们描绘了一个仿照真实世界构建的虚拟世界。当时的我们可能只惊叹于创作者的脑洞之大，然而短短 20 年后，电影的部分桥段便照进现实，我们所处世界的维度发生了剧烈的迭变，由原先的时间、空间扩展出了第五维度——数字世界。

现今社会，我们可以像《黑客帝国》中一样，把物理世界的所有信息都投射到数字世界之中，从而彻底监测和掌控物理世界的运行，而实现这种数字孪生的关键技术之一就是算法。可以说，算法是连通真实世界与虚拟世界的通道。

无论大家是否愿意，我们都已经生活在一个被算法包围的世界里。购物、短视频、资讯等平台背后的智能推荐算法，不断分析着我们的购物偏好、浏览习惯，为我们推荐着可能喜欢的商品、文章、短视频；价格算法，时刻在计算并调整着我们能购买到的商品价位；导航算法、网约车平台算法和无人驾驶汽车算法，影响着我们的出行；外卖平台算法在决定着我们收到外卖时效的同时，也控制着骑手们的劳动收入……

在当今社会，如果没有算法的加持，我们可能真的寸步难行。从技术层面来说，在我们生活的人工智能时代，人工智能算法模型的训练和建立是其发展与应用的核心，是实现从“数据”到“智能”的关键环节。通常，数据携带着很多信息，这些信息里隐藏着巨大的价值。大数据时代，这些数据种类繁多，来源各异，特征多维，时空变幻，需要借助“计算”来挖掘其中蕴含的知识，而在把这些知识应用于问题解决和决策支持等实践时，便形成了智慧。其中，云计算等技术为计算提供了算力，人工智能算法模型为计算提供了算法（计算方法）。显然，没有算法，就无从挖掘数据的价值，更无法实现智能化的应用。

然而，算法的过度侵入，也让我们心生警惕。毕竟，在人工智能的智慧程度还远未能对人类产生威胁，会“自杀”的扫地机器人和会“谋杀”人类的无人驾驶汽车也还只是某种意义上的都市传说时，大数据杀熟、算法黑箱、算法偏见、信息茧房等现象却切切实实地在我们的生活中出现了。在我们享受着科技发展带来的巨大便利的同时，我们应该如何面对这些日益不受控制的技术？或者说，当某些不为我们所知的先进技术掌握在少数人手中时，我们应当如何保护自己的权益不受侵害？

为了帮助大家全面认知我们当前所处的世界，消除近 10 年来因技术发展过快带来的困扰与隐忧，让算法更好地服务于我们生活的方方面面，我们基于在零点有数从事相关领域工作的有限经验，为读者编著了本书。一方面，本书将从人工智能算法在社会生活中的五大核心应用领域——公共、商业、医疗、工业、金融的典型场景出发，以通俗化、故事化和漫画化的具体事例，为大家深入解读算法是如何在各行各业中具体发挥作用并渗透到人们日常生活中的，以及算法背后的运行机制是什么，它的工作成效如何，力求将晦涩、专业的算法应用深入浅出地呈现给大家。另一方面，本书也将从算法责任、监管、立法、治理等角度，阐述算法开发与应用者们应该如何守好伦理底线，让科技向善而行。

本书脉络清晰，图文并茂，无论你是对算法应用感到好奇的小白，还是工作中会接触到算法应用的从业人员，本书都有助于你打开视野，看到算法在实际应用中的波澜壮阔。

本书的完成是团队付出的结晶。全书得到了零点有数董事长袁岳博士高屋建瓴的指导，感谢零点有数营销总监张燕玲统筹推进本书的撰写工作，感谢我们的团队伙伴范一叶、杨烁嫣、罗琪、黄一敏、张津瑄参与了许多篇章的撰写和讨论，感谢李潇潇为本书的文字校对工作付出了许多努力，感谢郭盖为本书绘制了趣味横生的配图。

由于时间匆促和水平所限，书中难免存在不足和疏漏之处，欢迎读者批评指正。

许正军

2022 年 8 月于上海

目　　录

第 1 章　无处不在的算法　/001

你好，人工智能　/002

人工智能“三兄弟”：算量、算法、算力　/011

无处不在的算法　/020

第 2 章　公共领域算法　/030

为什么红绿灯的时长设置不一样　/032

加油站有了它，错费、少油统统解决　/038

诈骗层出不穷，算法筑起反诈“防火墙”　/042

算法让 12345 热线“热而不乱”　/047

算法担任惠企管家，实现政策精准推送　/053

会写文书的算法，才是好的法院助手 /057

第 3 章 商业领域算法 /063

APP 要想更懂你，离不开智能推荐算法 /064

算法让人人爱上健身运动 /068

不断码，不压货，算法实现智慧零售 /074

第 4 章 医疗领域算法 /079

早发现，早治疗，健康监测算法帮你分清早期发病信号 /080

“算法之眼”效率高，成为医疗诊断神助攻 /085

算法担当“病毒画家”，助力疫苗研发 /089

第 5 章 工业领域算法 /094

渠道多，货多，超市怎样做到合理采购 /095

给产品“挑刺”，非常有必要 /100

工业界的“超级劳模”——工业机器医生 /104

第 6 章 金融领域算法 /108

信用也能换钱，算法助力“一诺千金” /109

保险配置奥秘多，算法实现精打细算 /114

有了这个理财能手，绝不当被割的“韭菜” /120

第 7 章　算法应用背后的产业发展　/126

从算法到算法产业化，离不开这十步！　/127

算法产业化是必然发展趋势　/138

衡量算法产业化的四个关键维度　/145

第 8 章　你是哪种算法人才　/151

要想成为算法人才，这些必备技能你得知道　/152

看看你是哪种算法人才　/160

不可不知的算法界盛宴　/165

第 9 章　算法安全刻不容缓　/171

走到台前的算法安全　/173

算法安全治理刻不容缓，世界在行动　/181

第 1 章　无处不在的算法

在人工智能时代，当我们提及“大数据”，脑海中也许会浮现出海量的信息在数字大屏上滚动的画面；提及“算力”，想象中也许是高端的处理器和计算中心；而当提及“算法”，似乎无法联想到一个具象化的核心事物，只有数字和代码等相关元素出现。

其实，算法无处不在。追溯历史，算法是数学中的一份子，也可以是处理问题的一系列步骤指令，它早已存在于我们的生活中。作为人工智能三大要素之一，算法是展现人工智能价值、焕发数字技术真正实力的关键所在，其在生活中的体现则是手机变“聪明”了，APP 更“懂”自己了，办事更流畅了……

总之，算法的魅力不仅于此，让我们一起来认识下无处不在的算法吧！

你好，人工智能

你是否注意过，早高峰时期的红灯要等 60 秒，而通往商场路上的红灯要等 99 秒?

你是否发现，某音的视频推荐和某宝的“猜你喜欢”总能精准击中，发现你从未公开过的“心头偏好”？

你是否留意到，无纸化、线上化成为了各行各业的运行常态，携带一部手机即可畅行天下?

生活中，有了电子版驾照，我们即可在路上“畅通无阻”；所有的预约、挂号，通过手机即可“一键搞定”，还能随时随地查阅化验单和历史信息；水电气热等生活缴费无须绕路跑去银行，坐在家中即可通过网络缴纳……我们逐渐习以为常的便利生活，实则离不开人工智能的默默发力。

什么是人工智能

随着科学技术的发展，人工智能（artificial intelligence，AI）

应用正越来越多地出现，成为我们不可或缺的“好朋友”，深刻影响并改变着我们的生活和工作方式。比如智能推荐、智能客服、智能搜索、智能导航、智能问诊、无人驾驶、无人机等人工智能应用场景俯拾皆是，神经科学、脑科学的深入研究，也将进一步促进类脑智能的发展与应用。

其实，无论是学术界还是工业界，关于人工智能并没有一个统一的定义。但大体上形成了以下共识：人工智能是计算机科学的一个广泛分支，试图让机器模拟人类的智能，涉及构建通常需要人类智能才能够执行任务的智能机器。其中，智能算法模型的训练和建立是核心，机器学习就是其中之一，深度学习又是机器学习技术中的“网红”，正逐渐发展成为一个重要分支。

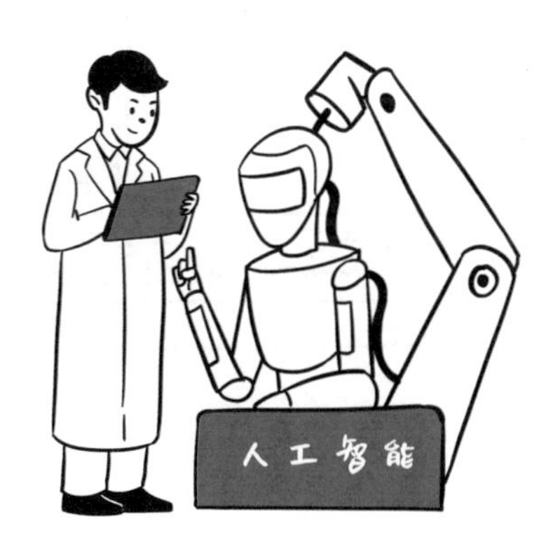

人工智能的萌芽期

1950 年，英国数学家、逻辑学家艾伦·图灵（Alan Turing）发表了两篇举世瞩目的论文，第一篇名为《计算机与智能》，第二篇名为《机器能思考吗》，被称为人工智能史上划时代的文章，照亮了整个人工智能界。

在《计算机与智能》中，图灵提出了著名的“图灵测试”（Turing test）构想，即如果一台机器能够通过先进的电传设备与人类畅通无阻地展开对话，其间不会被对面的人类察觉出异样，那么这台机器就具有了智能。换句话说，如果一台机器能够骗过你的法眼，让你以为自己在和真人沟通，那它就有了智能。

两篇划时代的论文及后来的图灵测试都强有力地证明了“机器具有智能的可能性”这一判断。正因为如此，图灵这位伟大的科学家在人工智能的发展史上留下了浓墨重彩的一笔，被称为“人工智能之父”。

那么，人工智能这个名字是怎么出现的呢？其实是来源于一次“大咖聚会”。

1956 年 8 月，几位大名鼎鼎的科学家在美国达特茅斯学院中齐聚一堂，聊起了“用机器来模仿人类学习以及其他方面的智能”等问题。两个月过去了，几位科学家在热烈的讨论气氛中各抒己见，但依然没能达成共识，不过大家一致同意为会议内容起一个响亮的名字——人工智能。

1956 年被称为人工智能元年。此后，“让机器来模仿人类学习以及其他方面的智能”也就成了人工智能要实现的根本目标。

人工智能的发展期

“人工智能”概念一经提出，便引发了许多争论。时至今日，关于人工智能尚未形成统一的定义与认知。

虽然这些定义对普通人来说有些晦涩难懂，但它们有助于该领域成为计算机科学的一大分支，并为“给机器学习和其他人工智能算法注入机器和程序”提供了宏伟蓝图。

当科学家们仍然在为如何命名“人工智能”争论得喋喋不休的时候，人工智能技术已经在一次次的实践中跌跌撞撞地发展壮大起来。

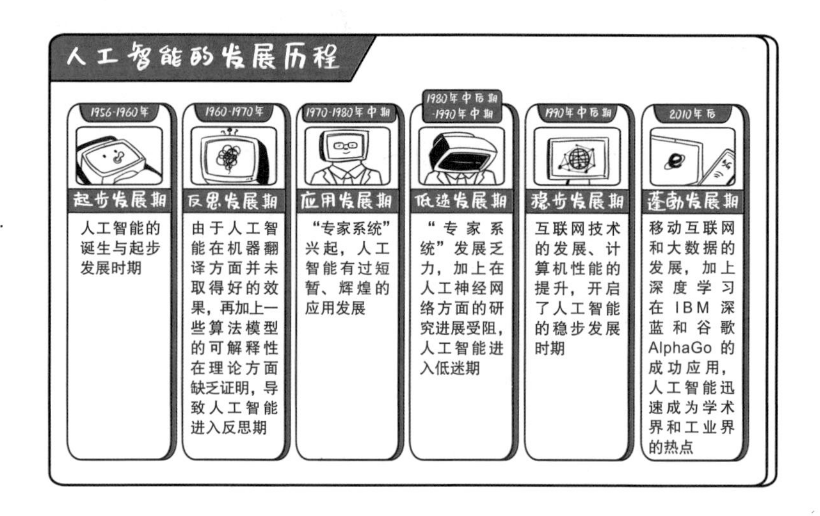

人工智能引领着未来

在大数据、云计算和5G通信技术大力发展的同时，人工智能历经60多年的起起伏伏，终于照进了人类社会的现实。目前，人工智能源源不断地为大数据、机器人和物联网等新兴技术注入新鲜的血液与活力，在可预见的未来，它将继续作为技术创新者引领时代前进的步伐。

人工智能影响着几乎每个行业和每个人的未来，成为引领新一轮科技革命和社会变革的重要驱动力之一。我国已将人工智能列为“新基建”的重要组成部分，并把大力发展人工智能列入国家的“十四五”发展规划。

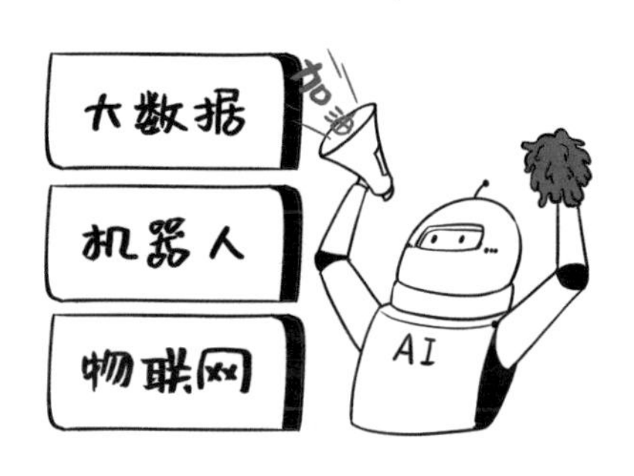

- ❑ 助推器：人工智能将加快推进大数据、云计算和物联网的普及运用进程。

随着新一代信息技术革命的到来，人工智能的长处首先被嗅觉敏锐的互联网领域“看中”。在此过程中，人工智能将通过与新一代信息技术——大数据、云计算、物联网、工业互联网、无人驾驶的融合发展，极大地提升这些领域的劳动生产率，促使该领域飞速发展。

- ❑ 压舱石：人工智能将有力促进中国的经济转型和产业升级。

目前，我国互联网正处于从消费互联网转向工业互联网的发展进程中。应用人工智能、物联网、大数据等新一代信息技术为传统产业赋能，我国工业将会展现出全新的产业互联网业态。

此外，人工智能的“频繁上岗”必然会在产业升级过程中释放大量的就业岗位，并淘汰落后产能。启用现代化人工智能生产线后，各行各业都会节省出大量劳动力，从而促进产业产能转型升级。

❑ 增长极：人工智能将成为人们从业和就业的必备技能。

随着人工智能的普及发展，智能体将逐步走入各类生产环境中。未来，各行各业的工作人员也会在工作过程中与智能体频繁地进行交流与合作，这也对职场人提出了更高的工作要求。

我们已经走进人工智能为我们创造的世界，未来人工智能还将为我们带来怎样的惊喜与便利，让我们拭目以待！

【拓展阅读】

各国的人工智能战略

近些年来，全球各主要国家先后发布了国家层面的人工智能战略目标。

❑ 中国：推动政府与学术界、工业界的密切合作，制定人工智能发展战略目标，并取得进展。

总 体 目 标	阶段性目标
制定AI发展战略目标	2020年，AI总体技术和应用与世界先进水平同步
	2025年，AI基础理论实现重大突破，部分技术与应用达到世界领先水平
	2030年，AI理论、技术与应用总体达到世界领先水平，成为世界主要的AI创新中心

续表

总 体 目 标	阶段性目标
确定并全面实施 6 项重点任务	构建开放协同的 AI 科技创新体系
	培养高端高效的智能经济
	建设安全便捷的智能社会
	加强 AI 领域军民融合
	构建泛在安全高效的智能化基础设施体系
	前瞻布局新一代 AI 重大科技项目
确定 9 个 AI 技术领域	包括 1 个 AI 全技术领域和 8 个 AI 技术领域
确定发展 AI 的 4 个国家驱动因素	包括硬件、研究、算法和 AI 商业生态系统

- 美国：加大人工智能领域的投入和布局，维持人工智能技术的全球领导地位。

时　间	具 体 措 施
2019 年 2 月	美国总统特朗普签署第 13859 号行政命令——《维持美国在人工智能领域的领导地位》
2020 年 2 月	美国白宫科技政策办公室（OSTP）发布《美国人工智能倡议首年年度报告》，从投资 AI 研发、释放 AI 资源、消除 AI 创新障碍、培训 AI 人才、打造支持美国 AI 创新的国际环境、致力在政府服务和任务中打造可信的 AI 等方面，总结了特朗普签署第 13859 号行政命令一年后，在实施美国人工智能行动方面取得的重大进展

- 俄罗斯：技术跃进，谋求人工智能技术的全球领先地位。

俄罗斯总统普京曾表示，领导人工智能的国家将成为“世界统治者”。近年来，俄罗斯一直在持续增加对人工智能技术的投入。

总体目标	具体内容
2019 年 10 月，普京签署批准《关于发展俄罗斯人工智能》命令，批准《俄罗斯 2030 年前国家人工智能发展战略》	提出俄罗斯发展人工智能的基本原则、总体目标、主要任务、工作重点及实施机制，旨在促进俄罗斯在人工智能领域的快速发展，谋求在人工智能领域的世界领先地位，包括强化人工智能领域科学研究、为用户提升信息和计算资源的可用性、完善人工智能领域人才培养体系等

- 欧盟：从伦理监管入手，谋求人工智能技术的全球领导地位。

总体原则	具体内容
2019 年 4 月，欧盟人工智能高级别专家组正式发布《可信赖的人工智能伦理准则》	指出可信赖的人工智能应该是合法、合乎伦理和稳健的，提出了未来 AI 系统应满足的七大原则，以便被认为是可信的
2020 年 2 月，欧盟委员会在布鲁塞尔发布《人工智能白皮书》	旨在促进欧洲在人工智能领域的创新能力，推动道德和可信赖人工智能的发展，提出一系列人工智能研发和监管的政策措施，并提出构建卓越生态系统和信任生态系统

人工智能“三兄弟”：算量、算法、算力

算量（数据）、算法、算力是人工智能发展的三大要素。但到底什么是算量（数据）、算法、算力呢?

算量（数据）

我们每个人都生活在数据世界里。例如，5 分钟前你收到了某 APP 的推荐消息，也许你下意识地点击进去，仔细浏览了相关介绍，也许进一步点击了购买链接，正犹豫不决是否要下单……殊不知，你的打开消息、点击链接、页面停留（犹豫不决）

等都形成了在线的行为数据，而且商家正在收集你的这些数据，以决定下一步是否要继续向你推荐同类商品。

此时此刻，也许不只是你一个人，很多人都和你一样在打开、点击、犹豫不决，或者已有人正在下单……如此种种也都在形成数据，这些数据会影响商家下一步的产品设计和营销策略。

无独有偶，也许你正通过输入关键词搜索一款感兴趣的商品，网页上立即出现了各种不同款式的商品，你选择了最中意的产品并购买，接下来的交易支付、物流配送、到货通知、验货取货、满意度评星等环节也都在产生着记录，形成对商家很有价值的数据。商家利用这些数据可以改善产品服务、加强经营管理、制定新的市场策略……

由此可见，我们在互联网上的任何行为动作均可形成数据，商品交易也可形成数据。不只如此，大街上的摄像头、下水管道的传感器、河道水质检测器、大楼烟雾报警器采集产生的信息，银行交易流水、手机通话记录、微信聊天，以及基于互联网的各种媒体每天的新闻报道等，都在不断地产生数据。

那么，到底该如何定义数据呢?

我们身边充斥着各种信息，但信息只有被记录下来，才能称之为数据。因此，凡是那些能被记录下来——尤其是能以电子化的方式记录下来的信息，均可称为数据。

数据并非近些年才有，而是从古至今一直都存在，人类从很早以前就有记录数据的习惯。例如，用壁画记录数据，放羊的时候，在墙壁上画几头羊，回来时要对照有没有丢；再比如打绳计数法，每打一个结代表一个或一次等。

如今，我们已身处大数据时代。其实，大数据的本质依旧是数据，只是运用了大数据的思维和方法对数据进行使用。大数据中的数据（data）种类繁多，错综复杂，本身没有用，经过一定的处理后才能派上用场。这些数据携带很多信息，经过一定的梳理和清洗后可形成有用的信息（information）；这些信息中包含着许多规律，可以借助智能算法进行挖掘，提炼成知识（knowledge）；而知识可以应用于问题解决和决策支持等实践，这便产生了智慧（intelligence）。

算法

还是同样的例子，当你看到手机弹出一个关于手办玩具的广告推荐信息，你点击进去并进行购买，这时后台会帮你做好标签：点击进去，证明你不讨厌该类广告，下次还能给你继续推荐；你购买了，证明你不仅不讨厌，甚至还喜欢这类产品，以后跟这个相关联的产品也都可以推荐给你，促进销量。而你看到了运动鞋，非但没有点击进去，相反还滑走不看了，那么后台会给你做一个标签“不感兴趣”，以后不再推荐给你……

诸如此类，这种采集数据（各种动作，如点击与否 / 购买与否）→提取特征（做好标签）→形成决策（是否继续推送 / 下次推送什么产品）的“输入数据、产生决策结果”的链条，就是算法在起作用。

那么，到底该如何定义算法呢?

算法是对解决方案的准确而完整的描述，是一系列解决问题的清晰指令，代表着用系统的方法描述解决问题的策略机制。也就是说，算法对于具有一定规范的输入，能够在有限的时间内给出所要求的输出。

很早以前，算法已经存在。算法的雏形是规律，例如 4000 多年前，中国的大禹曾在治理洪水的过程中发现了勾股术，并且使用勾股术成功测量了两地的地势差。

除此之外，还有很多例子证明了算法从古至今都存在。比如“算法”这个单词最早出现在公元 825 年（相当于我国的唐代）波斯数学家阿尔 • 花剌子密（Al-Khwarizmi）所写的《印度数字算术》中。

如今，算法不再局限于数学领域的应用，而是升级为解决多领域复杂问题、提供多行业应用方案的有力助手，成为人工智能时代的关键要素。算法无论在政务领域还是在商业领域都有着极大的应用，可以应用到智慧政务、公安防诈、无人驾驶、内容推荐、人脸识别、货品陈列等多个行业领域。换句话说，我们早已生活在算法的世界里。

一个好的算法设计，除了需要解决问题之外，通常还要尽力达到“双低”：一是计算工作量小，速度越快越好；二是所需内存空间小，占地越小越好。而关于计算速度、计算量则与接下来要讲的算力相关。

算力

大数据时代，数据是一种资源。因此，产生了数据，就需要存储或调取这些数据；而要应用算法解决问题或辅助决策，则需要计算这些数据。存储、调取和计算对应的数据资源，离不开算力的支撑。

小到手机，大到超级计算机，人工智能每完成一次信息推送、人脸识别或音译转换等，都需要硬件芯片的算力支持。

“算力”听起来比较抽象，但我们平时用手机时都深有体会。我们会发现，有些手机装很多应用都不卡，玩大型游戏也不卡，有些则不然。这是因为不同的手机有着不同的配置、CPU、显卡及内存，因此有着不同的计算和运行能力。

通俗来说，算力就是计算能力，算力的大小代表着对数字化信息处理能力的强弱。

如今，我国正在大力构建算力网络，以提升数据资源效用。2022年2月，国家发改委等部门印发文件，同意在京津冀、长三角、粤港澳大湾区、成渝、内蒙古、贵州、甘肃、宁夏建设国家算力枢纽节点，并规划了10个国家数据中心集群，全面启动“东数西算”工程。

来自国际数据公司IDC发布的《数字化世界——从边缘到核心》以及《IDC：2025年中国将拥有全球最大的数据圈》白皮书指出，预计到2025年，中国将成为全球最大的数据圈，数据量增至48.6ZB，占全球数据圈数据总量的27.8%，同时非结构化数据将占据数据总量的80%～90%。

未来，各行各业对算力的需求只会越来越大。

算量（数据）、算法、算力“三兄弟”

算量（数据）、算法、算力之间的关系，就像“厨师炒菜”，数据相当于“食材”，算力相当于“厨房”，算法就相当于厨艺大师的“手艺”。

即使是同样的食材和同一个厨房，不同厨师做出来的菜肴，其味道也会有很大差异。因此，算法在人工智能领域相当于核心的工艺技术，需要大力推进其产业化，进行技术创新。

人工智能“三兄弟”不可或缺，正因为算量（数据）、算法、算力为人工智能发展奠定了雄厚的基础，整个社会才能够向着数字化、智能化、信息化的方向快速迈进。

【拓展阅读】

八卦一下算法的“前世”

很久很久以前，在公元前 1 世纪，《周髀算经》就作为中国最古老的天文学和数学著作之一，在算法历史上留下了浓墨重彩的一笔。作为“算经十书”之一，这部巨著采用当时朴实的“大白话”来确定天文历法，揭示了日月星辰、四季更替、气候变化的运行规律，为百姓的作息提供了强有力的依据。

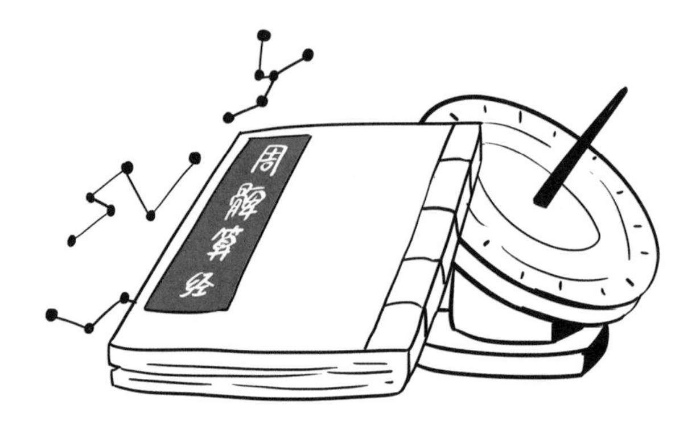

自唐代起，与算法论述有关的书如雨后春笋般涌现，比如唐代的《算法》、宋代的《杨辉算法》、元代的《丁巨算法》、明代的《算法统宗》、清代的《开平算法》等。这些书籍都涉及古人对算法的探索，彰显着我们的老祖宗在算术方面的高瞻远瞩。

在现代的数学认知中，欧几里得算法被西方人公认为是史上第一个成型的算法。

经过几个世纪的发展，到公元825年，波斯数学家阿尔·花剌子密站在欧几里得这位巨人的肩膀上，第一次在数学上提出了“算法”这一概念——演算法（Algorithm），随后传到了欧洲。事实上，“Algorithm”这个词，直译便是“花剌子密的运算法则”，可见其为西方算法打下了怎样坚实的江山。

到了近代，在19世纪80年代，“软件之母”阿达·拜伦（Ada Byron）为巴贝奇分析机编写了人类史上的第一个算法程序——求解伯努利方程的程序。阿达关于算法的研究实现了计算机科学的本质性飞跃，以现在的观点来看，阿达首先为计算制作了“算法”，然后制作了“程序设计流程图”，这个珍贵的计划被认为是“第一套计算机程序”。

无处不在的算法

在人工智能的外壳下，算量（数据）、算法、算力构成了三大核心要素。而在“三兄弟”中，算法又凭借强大的可操作性与实用性、广泛的应用范围、优越的预测能力，成为当仁不让的“大哥”。

接下来，让我们走近算法，了解它是如何大显神通的。

万物互联时代，计算无处不在

要了解算法，先要从开启了万物互联时代的物联网说起。物联网是指在互联网基础上延伸扩展的网络，它能够将各种信息传感设备与网络相结合，密切关注需要监控、连接、互动的物体，采集其声、光、热、电、力学、化学、生物、位置等信息或数据。通过各类可能的网络接入，实现物与物、物与人的泛在连接，最终连接起万事万物，这便是物联网在万物互联时代的设想和愿景。

物联网在数字世界和物理世界之间架起了一座桥梁。根据场景的不同，物联网可以分成工业物联、农业物联、城市物联、家居物联等。物联网能够让我们的社会环境变得更智能和可测量，比如智能音箱可以让我们轻轻松松播放音乐、设置闹钟或查询信息；家庭安全系统可以让我们随时察觉家里是否有异样发生；智能温控器可以在我们到家前提前调整好房间温度……

在由物联网连接的万物互联世界里，计算无处不在。以上种种看似寻常的生活场景，实际涉及大量的数据运算和处理。物联网设备每运行一分钟，都会产生大量的数据，这些数据都蕴含着一定的价值，值得收集、存储和分析。将上述数据“运输”到人工智能系统后，系统可以利用这些数据进行深入分析、预测，让物联网越变越强。

算法的闪耀登场

在万物互联时代，人与物、物与物之间的交互，人们日常生活工作的种种场景都离不开“计算”二字。在这一背景下，算法闪亮登场，加速推进着社会的发展。

简单来说，算法是为解决某个问题而采取的有限长度的具体计算方法和处理步骤。从计算机程序设计的角度看，算法由一系列求解问题的清晰指令构成，能够针对具有一定规范的输入，经过连续的计算后，在有限时间内获得所要求的输出。通常来说，算法的产出物有两种，第一种是算法产出的结果（分群、分类、预测值等），第二种是算法产出的规则。

下面通过点外卖的例子，直观感受一下算法在后台是如何发挥作用的。

今天，你因为加班太累而不想做晚饭，于是打开外卖 APP 给自己点了份披萨套餐。外卖 APP 后台接到你的新订单后，需要决定把订单分配给哪个骑手。

首先，后台会对配送范围内所有骑手的送餐情况进行分析，包括骑手当前的位置和手头已有的订单数量；基于骑手情况预估出接到新订单后所需要的配送时间，以及是否会对现有订单产生超时影

响等情况。

其次，后台会进一步计算出时间充裕的骑手当前的送餐距离和送餐路线，预估他们如果接你的订单，新的送餐路线和新增送餐距离。

最后，后台把订单分配给时间充裕且最为顺路的骑手。

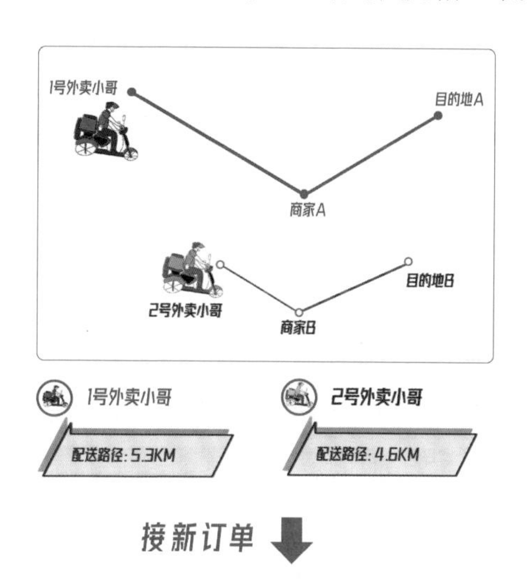

如若接新订单，1、2号外卖小哥的骑行路线如下：

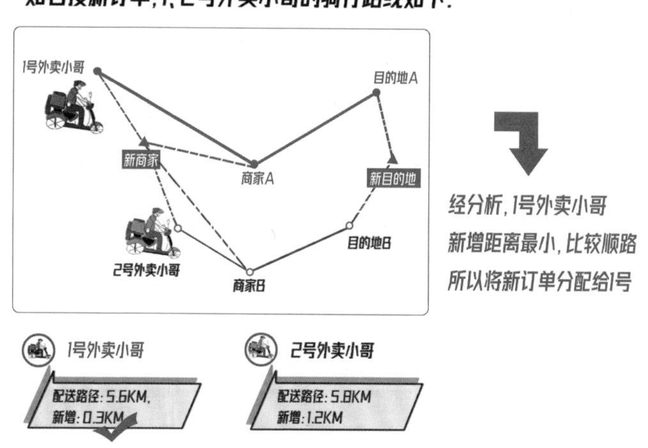

在上面的例子中，订单分配的结果实际上就是算法应用的结果。后台根据骑手当前位置、手头已有订单数量等数据，计算当前送餐距离和送餐路线，预估新的送餐距离和送餐路线，最终把订单分配给时间充裕且最为顺路的骑手，实际上就是通过一系列明确的计算步骤来进行判别和预测，这也是算法的本质。

正如我们可以用不同的方法和步骤解答一个数学问题，我们也可以用不同的算法解决同一问题。值得注意的是，就像同一道数学题的不同解法计算量不同一样，针对同一问题的不同算法在运行时也存在性能方面的差异。

一个好的算法设计，除了能够解决问题之外，还应该计算工作量越少越好（运行效率最高）、所需内存空间越小越好（耗费资源最少）。更重要的是，算法可以从相同任务的不断重复中“汲取营养”，变得更加明确、简单又有效。

此外，不同算法之间还可以“强强联手”，进行组合优化，产生的新算法通常可以处理单一算法难以解决的问题。比如，在人机围棋大战中一战成名的阿尔法围棋（AlphaGo），其综合使用了线性模型、深度学习、强化学习、蒙特卡洛搜索等算法，这些算法已经存在并发展了数十年，但在组合优化后成功超越了人类的围棋水平，将原先预计短期内不可能完成的任务变成了可能。

被算法包围的世界

购物、短视频、资讯等平台背后的智能推荐算法不断分析计算着人们的购物偏好、浏览习惯，然后为大家推荐可能喜欢的商品、短视频、文章；价格算法影响着人们购买商品时的价位；导航算法、网约车平台算法和自动驾驶算法影响着人们的出行；外卖平台算法在决定人们收到外卖时效的同时，也控制着骑手们的劳动收入……

如今，算法正日益渗透到社会生活的方方面面，甚至可以说，我们早已生活在算法的世界里，享受着算法为我们带来的高效和便捷。

除了商业服务领域，人工智能算法在公共服务、政务服务等领域也被广泛应用，用以解决判别、预测、分类、解析、处置和干预等问题，帮助人们不断提高生产和工作效率。新冠肺炎疫情期间启用的行程码和健康码，可以视为是算法在社会治理方面的重要实践。

从经济角度看，算法推动了新经济模式的发展，特别是诸如共享经济这样的新经济模式，也改变着传统经济模式。在不远的未来，我们也许会迎来算法经济的时代，即可以将生产经验、逻辑和规则总结提炼后“固化”在代码上，使生产经营活动无须人工干预，即可自动执行的经济模式。算法这个好帮手将大幅提升经济社会运行效率，为大众生活的方方面面提供便利。

算法的产业化

算法与产业发展走向深度融合，是信息社会发展的必然趋势之一。然而，移动互联网时代产生的海量信息，以及物联网发展过程中催生的数据大爆炸，导致当下信息严重过载且碎片化。

对于个体而言，如何从大量信息中找到自己感兴趣的信息，常常困难重重。尽管搜索引擎可以满足人们的部分需求，但仅适用于需求明确的场景。现实中，普通用户常常无法准确描述自己的搜索需求，甚至对“怎样精准提出问题”都不太了解。对于行业来说，海量数据的处理和运算是进行科学决策、合理预判的重要前提，而依赖人力以及简单的运算规则显然无法满足行业发展带来的大量信息处理需求。在“计算无处不在”的情况下，我们更需要借助算法的力量来重新认知、定义世界，以解决个体及行业遇到的种种瓶颈问题。

在这样的背景下，算法产业化发展凸现出三大趋势特征。

首先，算法与行业、领域的结合更加紧密。无论是产业经济还是社会治理领域，算法在“解决好某一领域的某个问题”方面已经崭露头角，显示出极强的实力。越来越多的认知与决策都需要在算法的辅助甚至主导下完成，而通过算法的“神力”来判断舆情态势、社会风险，也正在成为各类机构和管理部门的常用手段。

以法律界为例，现已能够使用“风险评估工具”算法来确定罪犯刑期，这种算法参考了数十年的量刑判例，并能结合十几个参数来评估被告在一定时期内重新犯罪的可能性，使量刑更为合理。

其次，围绕算法进行数据挖掘有了更多可能的尝试。以新词发现算法为例，其不仅可以实时处理社交媒体产生的大规模数据，可以通过全局特征提取、使用标注模型等方式发现新词，还可以通过更高效算法的候选词提取、命名实体过滤、新词特征选择、特征计算与候选排序四个步骤发现更多新词，大大提升社交媒体数据挖掘的广度及深度。

最后，算法正在逐渐“众智化”。所谓“众智化”，顾名思义，就是更依赖于大众的智慧来进行判断和决策。以骚扰电话的处理为例，如果有十几个人在某一段特定时间内将同一个电话号码标注为“骚扰电话”，那么敏锐的算法就可以通过“群众的智慧”来判定它是骚扰电话。“众智”意味着算法能够借助更多人的力量，在更快、更准反映众人智慧的同时，不断为自己注入新鲜的血液和活力。

未来，算法产业化最值得期待的地方在于：算法可用于解决特定领域的特定问题，并在实践过程中助推更多优质算法脱颖而出。

目前，在社会生活、城市管理、工业检测等方面，依然有许多亟待解决的问题。以灾难预测为例，尽管气象部门能够预报暴雨的发生，但却无法做出更进一步的精准预测。实际上，灾难预测还有更多种可用算法，比如借助“机警”的算法判断社交网络上零星出现的异常，如判断识别微信、微博发布的灾难信息的真伪，并做出是否要扩大传播的决定。

此外，未来的算法可能会像 APP 一样，社会或行业发展中出现任何需求，都可以像下载 APP 一样下载相应的算法，接入数据就可以立刻“跑起来”。尽管这更多地涉及 to B（面向企业）、to G（面向政府）方向，而非 to C（面向个人）方向，但在算法产业化的发展进程中，算法必然会更进一步地嵌入我们的生活中，从根本上改变我们的工作、学习和生活方式。

由于大规模市场的存在，国内在算法应用上有着远超其他国家的优势。在不远的将来，中国的算法产业创业者可以在全球领先的算法技术基础上结合中国实际，充分拓展算法的用武之地，并借助中国在大数据、大计算平台、大应用场景方面的优势，将算法产业化做得更加全面和深入，让算法充分发挥作用，提升全社会的效率。

第 2 章　公共领域算法

如果想了解算法在行业领域中的落地应用，就不得不提及公共服务领域。

曾经，办理身份证、递交材料等事务都需要办理人亲自到线下办事网点操作，涉及步骤很复杂，包括询问、取材料、填写、递交、等待审核、取回等。有时办理人会因为缺少材料白跑一趟，或者材料有误被驳回，再经历一遍整个环节。如果办理人在异地，去不了线下网点，则很多事情完全无法办理，误工误事。

如今，“一网通办”“一窗受理”极大地便民利企，也更好地促进了政府职能转型。这其中，不得不归功于大数据及人工智能算法技术的加持。

不仅在政务服务领域，大到整个数字政府的方方面面，大数据与人工智能算法都如影随形。近年来，大多数地方基本形成了“一云一库一平台”的大数据运行与管理格局。以5G、大数据、云计算、人工智能、区块链等为代表的数字新基建已成为“十四五”时期各地数字政府建设的重要引擎。在城市数字化转型大背景下，数字经济、数字治理和数字生活的发展，将为城市大数据的智能应用创造巨大的市场和众多的场景，为人工智能算法在公共服务领域的发展应用创造前所未有的机遇。

为什么红绿灯的时长设置不一样

你有没有发现，不同路口的红绿灯等待时长不一样：上班路上的红灯时长为 60 秒，而通往商场路上的红灯为 99 秒……

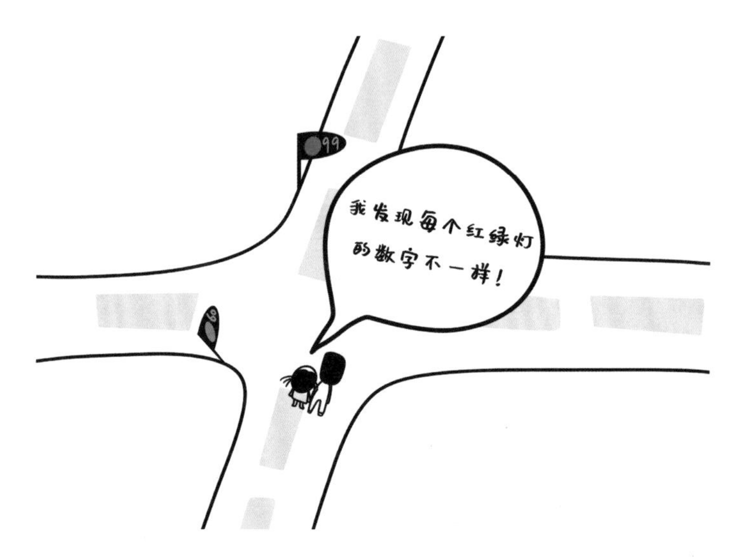

曾几何时，很多城市马路上的红绿灯间隔统一设置为 60 秒，这一看似公平的道路交通设置，其实并没有考虑到不同路口的人

流量、车流量差异，而且万一发生交通事故，造成了道路拥堵，车辆即使争分夺秒也难以顺畅通行。

其实，不同红绿灯的时长差异是“智慧交通”的一大体现，这一城市治理好帮手能够为城市的科学治理出谋划策，满足人们的便捷出行。让我们来一起看看智慧城市的“交通大脑”是如何施展“魔法”的吧！

首先，智能调配红绿灯，解决拥堵问题。

以往：利用感应线圈检测出车流数据，然后由交警进行人为交通信号灯的控制，这样容易耗费大量的警力。

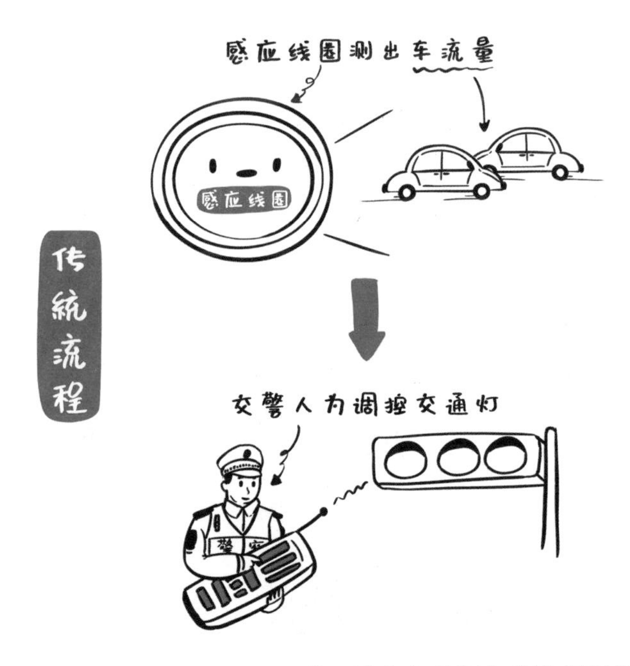

如今：城市交通大脑可以利用城市交通摄像头进行视频图像

的数据采集，然后再用内置的计算机视觉芯片进行边缘计算，获得即时交通流数据，如机动车数量、车速、道路拥堵及排队情况等。同时，基于各个时段、各种天气下的车流大数据，交通大脑能够智能预测未来某一时段和天气下的车流，并提前为所有红绿灯“做好打算”，选择最合适的通行方案，比如为车多的方向配置更多绿灯时间，车少的方向配置更多红灯时间。

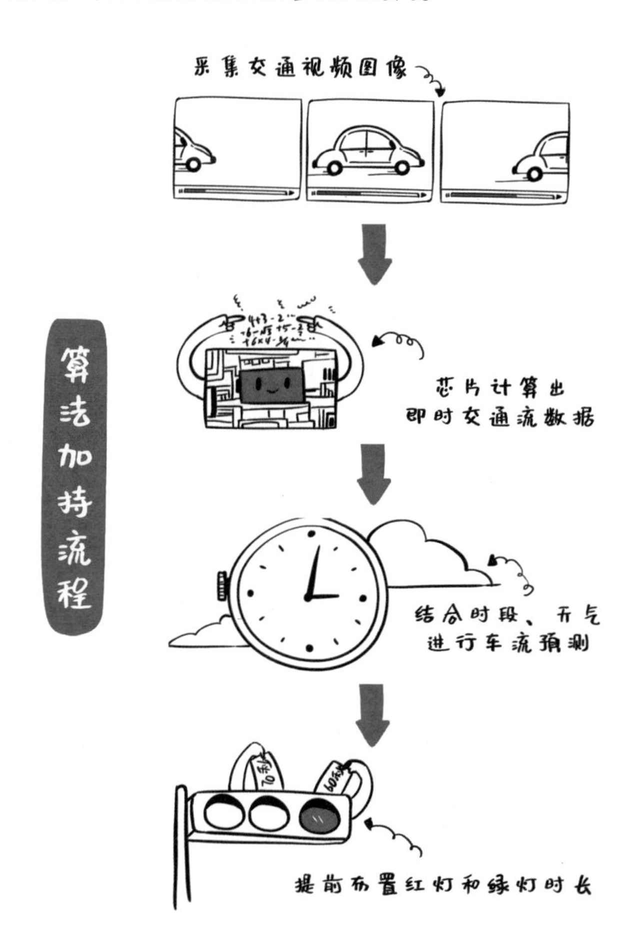

借助科学合理的配置规划，道路通行效率大大提升，拥堵问题得以缓解。不仅如此，交通大脑系统还会通过反馈信息自我学习，保证算法自动革新升级，保障每个周期的设计都是基于当前信息下的最优配时方案。

其次，开发联动控制系统，实现公交优先通行。

考虑到公交车是城市道路运输的重要途径，为了保证大多数人的出行，同时也减轻路网负担，智慧交通会酌情为公交车通行提供便利。依据每个城市不同的地形、路网瓶颈、市民出行习惯、交通痛点等特征，城市交通大脑可以在车路协同技术的加持下，实时获取智能联网公交车辆速度、位置、驾驶状态等数据，并与红绿灯控制系统实时联动。

当车辆接近智能路口时，后台与红绿灯控制系统进行数据交互，并实时“通知”各信号灯调整时长配置，通过红灯缩短、绿灯延长等方式实现公交优先通行，提高公共交通出行吸引力，减轻路网负担。

最后，云计算全局调动，实现智能调度。

有了城市交通大数据，就可以在收集到路网实时数据后，调用云端的计算机集群进行云计算。假如某处道路发生车祸，智慧交通可保证问题解决得更迅速和完善。

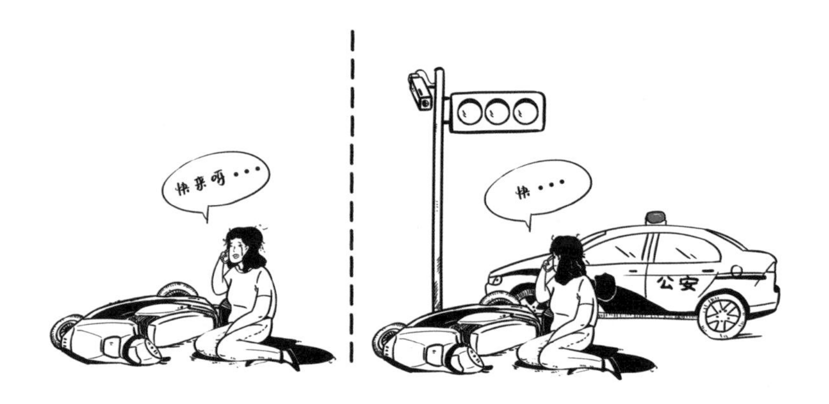

以往：发现事故后由群众或交警报警，再派人来处理问题。万一事故发生在人多的路口或现场情况复杂，各部门联动就很难做到争分夺秒，耗时耗力，甚至会再次危及过往行人的生命财产安全。

如今：摄像头和红绿灯充当“火眼金睛”，能够及时把现场信息和附近的拥堵状况一并回传到交通大脑。一方面，交通大脑收到信息后，会对车祸现场以及周边交通进行计算，迅速做出合理的处置策略和警力调度策略，将其推送给交警来决定是否出警、几人出警、在哪几个路口疏导交通等。另一方面，交通大脑根据数据情况，立刻“热心”提醒所有本来要经过此路段的车辆，并动态调控红绿灯配时，避免更多不明真相的车主堵在路上。

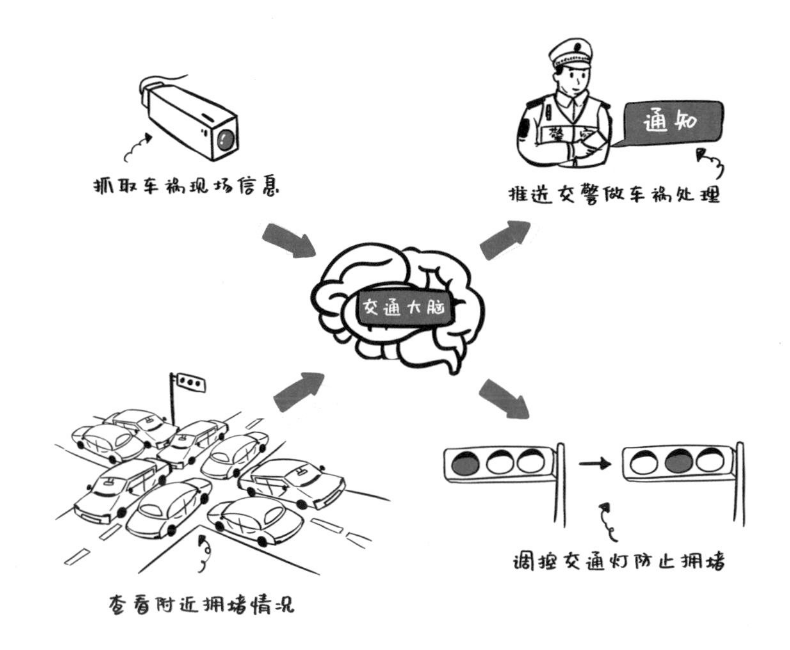

正所谓“城市建设，交通先行”，智慧交通运用信息和通信技术手段感知、分析、整合城市运行系统中的各项关键信息，从而为城市主体——政府、企业和个人的各种需求提供智能响应服务，进一步打造智慧城市，实现城市的智慧决策与科学治理。

加油站有了它，错费、少油统统解决

有车的朋友，肯定都有过去加油站排队加油的经历。那么，你是否有过在加油时突然发现金额上涨，一脸困惑地向加油人员发问，才被告知税费有所调整的时候？加油站遍布全国各地，你又是否好奇过，市场监管部门是如何监管加油站的油品费用与品质，来保障广大人民群众利益的？

要想弄明白这些问题，就不得不提到部分市场监管部门引入的“智慧监管”这一得力助手。简单来说，智慧监管就是借助人

工智能技术，为市场监管插上智慧的翅膀，让违规行为无处可逃。

以加油业收费不明及品控漏洞为例，在智慧监管的引领下，某市引入成品油税费和安全监管平台后，有效遏制了加油行业的不规范现象。那么算法是怎样通过智慧监管平台发挥神奇功效的呢？

一方面，精准监管实际销售端的加油数据。

以往：消费者在加油时，加多少油、如何计费都掌握在加油员手中。加油员手抖一下，提前拿走油枪，或者因为眼花选错了类目而算错账，消费者就会稀里糊涂花冤枉钱。监管部门可能需要一个月以后才能发现错账，导致数据混乱，形成监管盲区。

如今：监管平台要求每台加油机都安装“算法之眼”传感器，清晰记录每台加油机的输出油量、费用等数据，实现数据监测全透明。加油机上的传感器与其他传输设备连接在一起运行，当加油机有油量输出时，传感器便会把输出油量数据上传至成品油税费和安全监管平台。

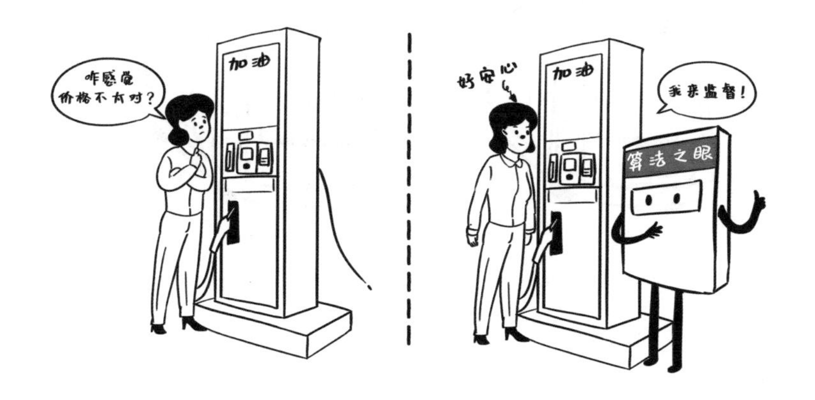

借助传感器的“第三只眼”以及算法的“第三只手”，市场监管部门能够直接操作成品油税费和安全监管平台，全面掌握加油机的实时运营情况以及相关数据，并将数据上传云端，确保每一次加油都“来源可循、去向可溯、状态可控”，大大提升了成品油监管效能，实现了监管无死角。

另一方面，动态监管成品油进购端，确保品质安全。

以往：未引入智能监管平台前，加油车上的成品油被偷梁换柱、以次充好的现象时有发生。

如今：市场监管部门可以以成品油税费和安全监管平台为数据监测载体，把道路交通运输的卡口摄像机接入智能监管系统，实时线上核验路上行驶的油罐车资质和运输状况信息，加强对行驶油罐车的成品油运输监管力度，切实从源头上堵住油品销售的漏洞，保障油品货真价实。

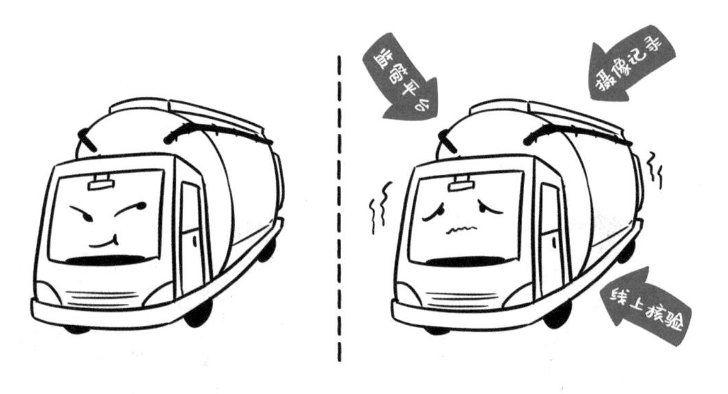

总而言之，借助算法监管平台，可以下溯加油数据，上溯成品油源头，进行全环节监测，实现加油全流程透明化、实时化。

算法为市场监管部门打开“天眼”，打通了成品油进购、加油站加油与市场监管部门监管之间存在的屏障，维护了风清气正的市场环境与广大群众的合法权益。

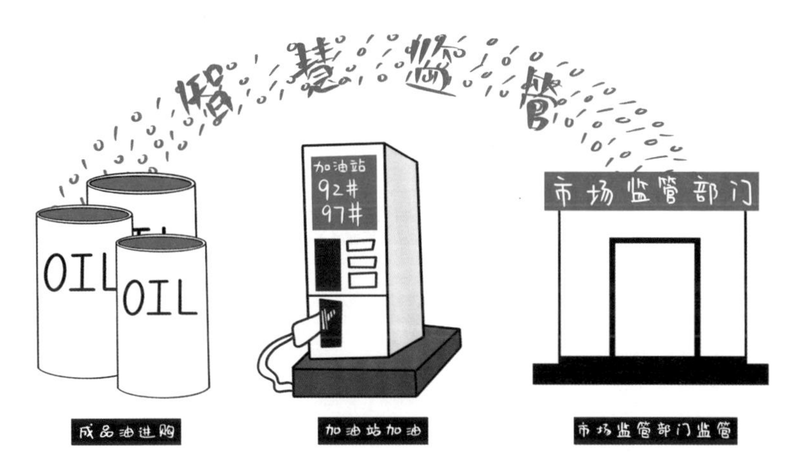

某智能监管平台实时反馈数据库显示，系统共监测某县成品油交易 200 余万笔，销售成品油 7 万余千升，销售金额为 46738 万元。在成品油税费和安全监管平台的助力下，2021 年该平台所在县共增加税收 2000 万元以上。

未来，大数据、算法等技术将被充分利用，进一步探索推行以远程监管、移动监管、预警防控为特征的非现场实时监管体系，提升各行各业的市场监管精准化、智能化水平。

诈骗层出不穷，算法筑起反诈“防火墙”

和朋友聚会的间隙，你有没有拿起手机，发现一条内容为“尊敬的 ××× 您好，恭喜您中奖了！请点击以下链接领取奖品！”的短信？

昏昏欲睡的清晨，你有没有被急促的电话铃声惊醒，看一眼手机屏幕却发现是来自几内亚的奇怪号码？

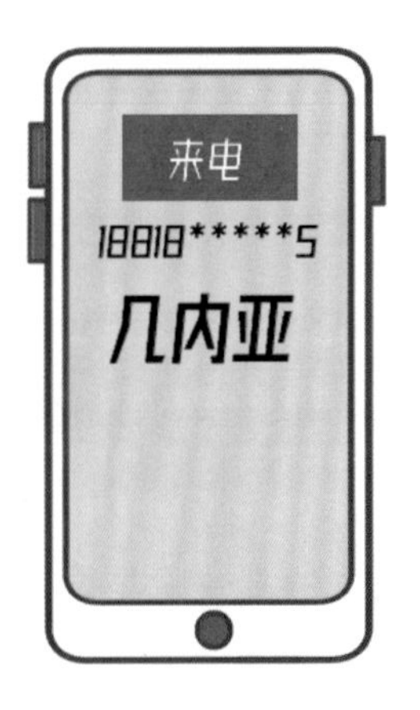

为避免大家因接听一通电话或点击一则短信中的链接便白白

损失巨额钱财，我们机智负责的“智慧公安”闪亮登场！

近年来，各地公安部门纷纷引入智慧公安，帮助公安部门“出任务”。智慧公安最亮眼的功绩之一，就是开发出越来越智能的防范电信诈骗系统（即反诈系统），从源头上建立无辜群众和电信诈骗犯之间的屏障。

其实，打造训练有素的反诈系统需要三步。

第一步，运用特征算法，为大量呼出号码打上标签。

反诈系统通过多频率单号短时呼叫、超长通话、呼叫连续的企业通信行为模式来判断呼出号码所属企业是否有诈骗风险。打个比方，如果某一号码在 5 分钟内呼出了 300 个电话，或者某一个电话长达 300 分钟，甚至呼出每个电话的间隔不超过 2 分钟，那么，反诈系统就会将其标记为“有诈骗嫌疑的号码”。

第二步，运用语义分析系统，训练反诈系统的诈骗敏感度。

如果只根据反诈系统对通话数据的智能判断，便笼统地为号码贴上“好”或“坏”的标签，也存在误判的可能。因此，反诈系统还会运用语义分析工具对大量通话文本进行语义分析，将通话文本拆解为由关键字、关键词构成的文本单元，找出其中的敏感关键字，标记此类关键字，再由人工识别来修正系统的判断结果，以提高对违规号码的检测效率和准确性。

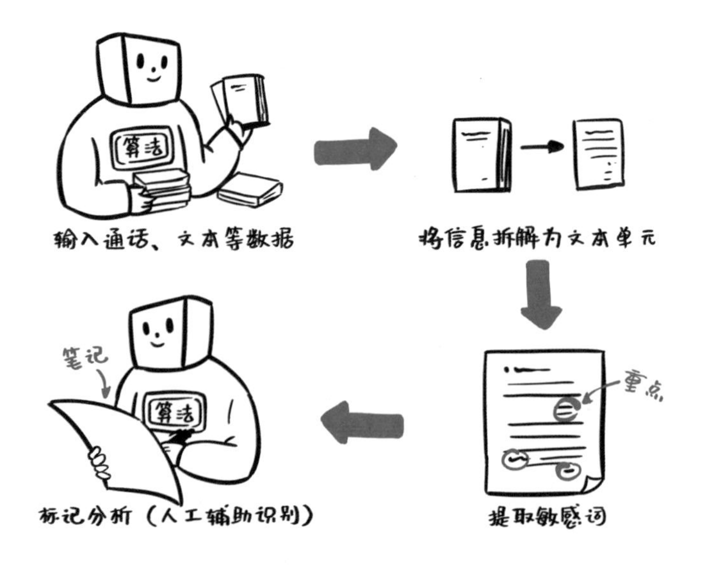

最后一步，精准标记违规号码。

如果某一企业的呼出通话中涉及人名、地名以及“身份证号”“卡号”“公检法”“礼品”等敏感词，触发了敏锐的反诈系统，呼出号码所在企业则有可能被停机、停号，还可能被上报给运营商，添加到呼出黑名单中，这也是我们在接到陌生来电时会被提示“该号码被多人标记为诈骗骚扰”的缘由。

反诈系统通过在呼出阶段提醒接听方此通电话存在嫌疑，为接听方筑起心理防线，提醒其留意潜在风险。

总而言之，智慧公安通过“运用算法将大量数据标签化→引入多种系统提升算法准确性→将危险信号及时传递给人民群众”三个步骤，完成保护人民群众生命财产安全这一艰巨任务。

数据显示，仅 2021 年 1 ～ 4 月短短几个月，某省共破获电信网络诈骗案件 1.18 万起，采取刑事强制措施 8771 人，挽回经济损失 8.8 亿元，足以见得智慧公安的功力。

此外，近年来某省警方紧扣大数据、算法等信息技术发展智慧公安系统，开发建设全省警情大数据应用服务平台。平台按秒汇聚全省 72 个 110 接警区的接处警数据，实现对全省警情数据的实时监测、多维展示和深度应用。警情大数据平台建成后，每个接警区产生的新 110 接处警信息，都会实时汇聚至全省警情数据库，确保省市县三级公安机关都能在第一时间获取相关数据信息，达到“实时监测治安，态势一网掌控，深度研判警情，资源全警应用”的目的。

有了算法加持的智慧公安帮忙，警察叔叔再也不用大海捞针式地寻找诈骗分子，公安部门运转效率大大提升。相信在不远的未来，越来越多的公安部门将会借助算法装备上“三头六臂”，筑起保障人民群众生命财产安全的有效屏障。

算法让 12345 热线“热而不乱”

遇到难事愁眉不展时，除了“搜索一下”，大多数人的第一反应是拨打 12345，求助于这一“万能”热线。但拿起电话后，却被漫长的语音提示、复杂的转机分类绕得晕头转向，甚至忙碌了三十分钟，也没能接通人工客服……

漫长的语音提示、复杂的转机分类，绕得人晕头转向

热线难以顺利接通、接线员态度热情却答非所问、投诉石沉大海等问题一直是困扰广大百姓的难题，甚至部分群众对拨打 12345 热线已产生了抵触心理。与此同时，政府部门对此既头疼又委屈：我们已经为建设 12345 热线投入那么多接线员和工单处理员了，为啥效果仍然不够好？

好在近年来，随着大数据、算法技术的兴起与广泛应用，12345 政务服务便民热线正在变得越来越聪明！

那么，算法是怎样让热线充满智慧的呢？

首先，引入智能客服代替人工，提高热线接通率。

以往：12345 热线作为广大群众与政府部门沟通的“排头兵”，不仅会接到民生相关事项的咨询，可能还会涉及税务事项、市场监管事项，巨大的咨询体量造成了较大的用工压力。

如今：通过在语音渠道部署经过大量训练后能够识别特定问题的智能语音机器人，12345 热线的用工压力大大减轻，热线接通率显著提高。此外，依据 2022 年《智能客服数字化趋势报告》，智能客服的准确率从一开始的 40% ～ 50%，提升到了当前的 90% 以上。

智能客服可以同时受理大量的群众诉求，服务质量稳定，可有效分流并高效处置原本需要人工客服解答的大量重复诉求，提高咨询类诉求的即时解答率。

其次，借助智能坐席助手，快速处置工单，保证诉求派发至正确部门。

以往：由人力处置工单时，流程烦琐且效率有限，经常是一名工单处理员花一整天盯着屏幕，也只能处理几十条数据。处理员累得头昏眼花，耗时一周才能顺利下发完全部工单，几天后又接到市场监管部门的电话："某条投诉是税务部门的，怎么分到我们这里来了"。而一旦发生错误，将导致工单处理时间更长。

如今：有算法赋能的智能坐席助手能够通过文本分析技术及多种算法实现智能分类、智能查重、智能派单，助力12345热线快速处置工单，极大提升了诉求受理效率。

智能坐席助手能够按照问题的责任归属、部门归属，把接收到的群众诉求精准派送下去，不会出现反复退单情况，因此能有效提升工单派发效率。

最后，数据赋能一线工作者，实现“未诉先办”。

以往：“群众反馈→热线收单→热线派单→基层落实”这一流程往往需要耗费数天甚至数月，群众时常感觉自己的诉求石沉大海。

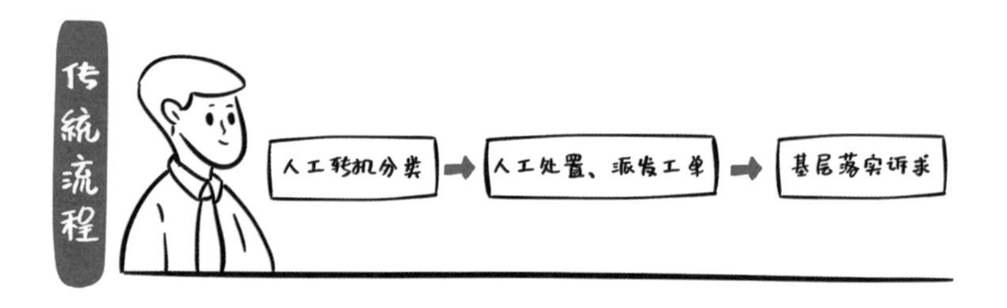

如今：12345 热线能够充分运用数据关联、数据分析技术，助力一线工作者实时预警热点问题、突发事件。

有了算法帮忙，后台能够实时生成热线日报、周报、月报内容，协助分析汇报当天热线受理量、热点问题、督办件等重点工作内容。

此外，12345 热线还可以运用大数据、人工智能技术综合分析各类数据，将群众反映的问题转化为热点坐标，为工作人员提供更精细的参考，帮助及时发现辖区内群众反馈的热点问题并实时预判、预警热点问题和突发事件，为决策提供强有力的支撑，实现“未诉先办”。

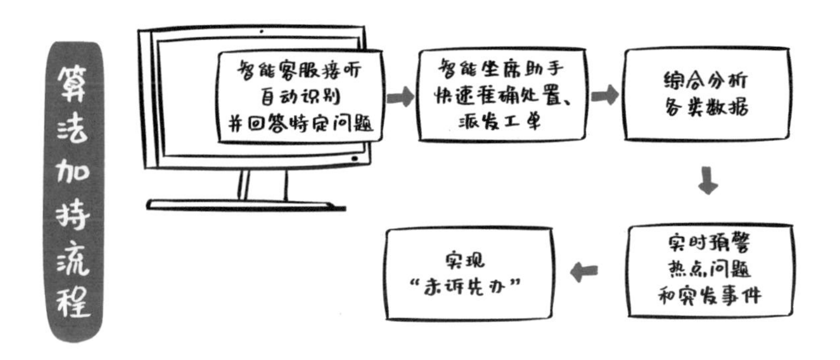

总而言之，借助算法的“神力”，12345 热线能够实现“接得更快，分得更准，办得更实”，大大提升热线响应效率及问题解决效率。群众的声音更易被听到，政府部门的努力也更易被群众看见，双方的良性互动有助于形成对群众诉求快速响应、高效办理、及时反馈的长效服务机制。

算法加持后的 12345 热线正式投入使用后，某市的日均接入总量 5269 通，较上线前增加 31.7%，高峰时段呼入总量超 7000 通，提高了呼入电话接起率；日均通话量 4034 通，日均有效诉求 3340 件，较上线前提高 33.6%，有效解决了高峰期诉求处理问题。

12345 热线的智能化永远在路上。未来，算法与 12345 热线的联结会越来越密切，相关行业从业者也将不断探索，继续梳理应用场景，开发相应算法，不断将热线数据和多源数据融合、应用，进一步提升智能化水平，为大家的美好生活、城市的智慧治理添砖加瓦。

算法担任惠企管家，实现政策精准推送

作为一名光荣的纳税人、缴费人，你是否听到过很多的税收优惠政策，但需要时却依旧弄不清楚具体流程？也许你所在的城市出台了众多的税收优惠政策，但正是因为你不清楚可以按照哪条政策申请、准备哪些材料、走哪些流程，从而让补贴从手上白白溜走。

近年来，为了进一步推进纳税便利化改革，打造稳定、公平、透明的税收营商环境，国家税务总局大力推出多项税收优惠政策，不断推进税收取之于民，用之于民。

然而，为了确保准确、公平，这些优惠政策通常有着大量的实施细则，企业在查找、解读时会耗时耗力，“像是在翻没有目录的牛津字典”是较为常见的场景。

此时，算法闪亮登场，全力解决“税务部门制定政策难、目标企业查找政策难”这两大难题，成为税企良性互动的重要桥梁。那么，算法究竟发挥了怎样的“神力”呢？

首先，调用分析海量数据，科学制定税收优惠政策，确保惠企政策切实利民。

以往：政策的制定通常是多部门坐在一起，根据已知信息推出相应的优惠措施。至于政策的具体受众、覆盖范围、实际效果，则像是在“摸着石头过河”。

如今：有了大数据及算法技术，税务部门在制定惠企政策前，会智能采集活动区域内海量企业的属性数据（如注册资本）、活动数据（如资质认定）、填报数据（如项目投资额）等重点数据信息，并加以全量分析。

在此基础上，税务部门能够根据数据的“指引”，合理划定受惠企业范围以及申请条件，确保政策制定的科学化，以推动区域资源的高效配置，营造公平可预期的市场环境。

其次，提取企业关键信息，为企业精准画像，点对点推送惠企政策。

以往：虽然各个政府部门手中都掌握有大量数据，但这些数据通常被锁在部门的“小抽屉”里，造成了信息壁垒，无法互通有无。

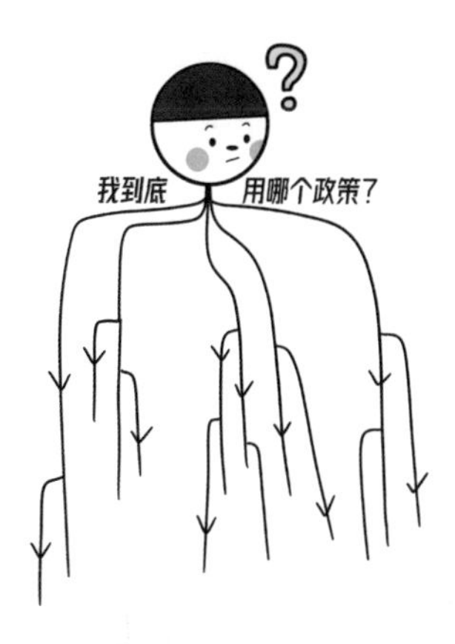

如今：既然大家都知道“人找政策”难，那么“政策找人”便成为税务部门的创新尝试。而精准找人的关键，便是形成目标对象的精准画像，让政策知道该找谁。

绘制企业精准画像的前提是打通各个政府部门间的信息壁垒，融合各类数据信息，形成庞大的超级法人数据库。在政策推送环节引入大数据及算法技术后，各部门间小小的“抽屉格”纷纷被打通，跨部门海量数据被整合至“大仓库平台”上以便统一管理。

有了画像基础后，算法系统后台即可生成全景式企业画像。依据大量政策的线上集成，政策推送平台会进一步运用大数据算法和人工智能技术，通过对全景式企业画像的智能匹配，将企业可申报的政策、政策匹配度及政策申报路径等相关信息及时主动推送至对应企业，甚至精确计算出企业可获资助的金额，让企业打开门便能迎接惊喜。

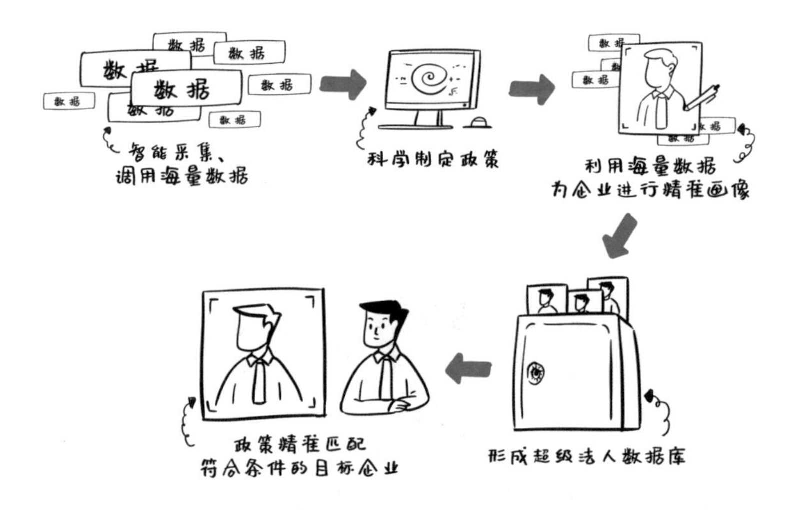

税收优惠政策是深化“放管服”改革过程中的重要一环，也是公平稳定税收营商环境的维护者。政策算法化促进了科学制定政策、精准推送政策，打开了优化营商环境的思路和途径。插上算法“飞毛腿”的政策不仅打通了落地“最后一公里”，搭建了政企交流沟通的桥梁，也为营商环境的优化安上了智慧内核。在不远的未来，我们将拭目以待算法技术如何进一步服务于税企沟通，服务于企业竞争力提升，服务于城市可持续发展。

会写文书的算法，才是好的法院助手

你是否时常听到在法院工作的朋友抱怨案子堆积如山，加班到深夜也处理不完？

随着社会经济的发展，全国案件量激增。据统计，全国法院每年审理案件超过 8500 万件，年法官办案量 141 件，而全国员额法官只有 12 万人。在具体法务工作中，法官在开庭前需要进行烦琐的准备工作，详读卷宗、分析案情、研究法律，大量烦琐事务使得法院运转效率低下，案件堆积成山。

在这一背景下，“智慧法院”应运而生。面对案多人少的难题，人民法院把握智能化发展趋势，不断运用大数据、人工智能等前沿技术推进智慧法院建设实践，将信息技术与法院业务深度融合。智慧法院是将人工智能应用与法务需求相结合，以高度信息化方式支持司法审判、诉讼服务和司法管理，实现全业务网上办理、全流程依法公开、全方位智能服务的人民法院组织、建设、运行和管理形态。

那么，严肃审慎的司法行业是如何与算法碰撞出火花，插上智慧翅膀的呢?

首先，引入精准分流算法，提升案件简繁分流效率与精准度。

以往：在过去的案件分流过程中，法官需要浏览大量文书，了解案情以进行量刑判断，非常耗费精力和时间。

如今：新一代智慧繁简分流系统通过固化分流规则、结构化相应要素，充分减轻法官人为繁简分流案件的工作量。

一方面，算法将分流规则“固化”，即对海量案件抽丝剥茧后，归纳出判断案件繁简程度的规则。例如，若案情提及“发生纠纷，无人伤亡”，则被系统归为“简单案件”类别；若案情涉及“事故造成 × 死 × 伤”，则归入“复杂案件”一类。通过将案件繁简分流的标准一致化，精准分流算法能够避免主观判断，确保绝大多数相似案件的分流结果是一致的。

另一方面，算法参照主体数量、证据数量与特征信息等要素进行结构化处理，即按照不同标签拆解大量案件。如此一来，以往冗长的案件材料可以被一目了然地简化为“案件涉及 × 人、共收集 × 类证据、导致 × 种后果”，极大减少法官判断繁简分流元素的工作量，显著提高案件繁简分流效率。

其次，引入智能辅助审理系统，自动草拟判决书。

以往：庭前阅卷、查找相似案例、量刑判断等工作常常会耗费法官大量时间，且法官的主观判断偶尔也会对量刑结果有所影响。

如今：智能辅助审理系统能够利用知识图谱技术，自动识别案件事实、认定法官的争议焦点，并结合对大量裁判文书的学习，帮助法官草拟完整的判决书。

加持了响应算法的智能辅助审理系统可以利用“火眼金睛”识别出特定关键词，根据案件事实涉及的“持械”“盗窃”“口角”“斗殴”等词汇，自动草拟个性化判决书，有效减少法官至少 75% 的庭前阅卷时间，并将相似案例推荐匹配度从 20% 提升到 90%，实现精准推荐。此外，智能辅助审理系统还可以自动生成 70% 以上的庭审文本，大大提升法官的工作效率。

最后，算法助力卷宗存档信息电子化，完善卷宗管理。

以往：每次诉讼结束后，需要专人对历史诉讼并且已经结案的纸质档案进行整理装订，此类重复性工作耗时耗力，还存在归错类的风险。

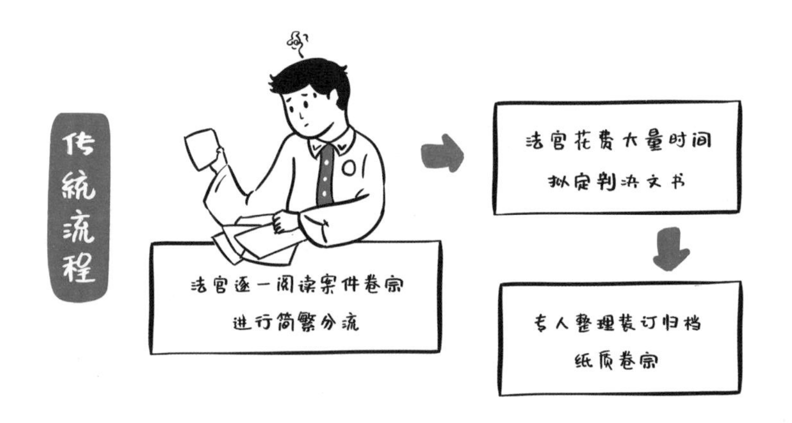

如今：通过 OCR（文字识别技术）等技术的运用，智慧法院能够实现档案查阅、检索全自动化。有了大数据、算法等“黑科技”，法院可以直接结合卷宗材料特点，对卷宗文本进行关键词识别与关键信息提取，并直接按照“已结案”“已过追诉时效期限”等不同标签让大量卷宗找到自己的归属。

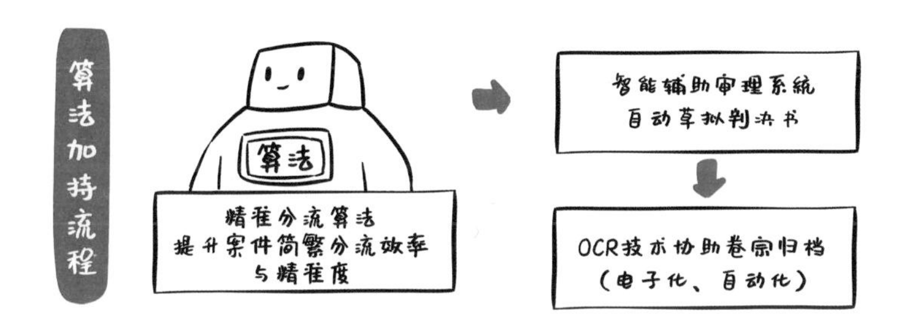

此外，通过对诉讼档案进行从纸质文本向电子文档的转换和数字化加密，智慧法院得以建成资料齐全的电子档案数据库。卷宗信息化、电子化既提升了档案保管的安全性，又提高了历史档案利用效率，进一步推动法律服务“智慧审判”的建设进程。

得益于以大数据、算法技术为基础的信息化建设，群众打官司更加便捷。截至 2018 年年底，全国 81.8% 的法院支持网上立案，全国范围内实现跨域立案的法院已达 1154 家，“24 小时不打烊”的法院越来越多；依据《中国法院信息化发展报告 No.5（2021）》，全国 74% 的法院实现电子卷宗随案同步生成。

智慧法院建设的飞速发展，映照着人民法院“努力让人民群众在每一个司法案件中感受到公平正义”的价值追求。深入推进智慧法院建设，将信息技术与司法规律深度融合，法院必能更好地满足人民群众对公平正义的需求，为全面依法治国、推进国家治理体系和治理能力现代化提供坚实保障。

第 3 章　商业领域算法

以智能搜索、智能推荐、精准匹配、个人画像、个性化定制等为典型特征的新一代商业智能已扑面而来。毋庸置疑，基于大数据的人工智能算法在商业领域的应用为新一代商业智能提供了引擎。

总体来说，商业领域算法的核心目标就是要“更懂你”。朋友圈推送的广告想方设法吸引你的眼球；各类 APP 都在尽力迎合并满足你的喜好；美食品牌努力用算法分析大众偏好，为制作新品口味做准备；服装风格、尺寸设计、门店铺货的背后，也都有着算法的身影……

伴随人工智能、大数据、云计算等一系列新基建的推进与落地，商业领域算法应用日益兴起。未来，提升商业流量变现效率，以更智慧化的方法赋能决策，是商业领域算法要解决的重点问题。同时，还需要找到既遵守法律法规、不歪曲价值导向，又可以促进商业领域算法应用发展的平衡点。

APP 要想更懂你，离不开智能推荐算法

闲暇之时，刷刷短视频、点个外卖、逛逛购物平台都是打发时间的好选择。不知你有没有发现，同样的短视频 APP，自己和朋友的首页推荐却大相径庭？和同事坐在一起点外卖，明明地址相同，刷出来的美食种类和店家却各不相同？

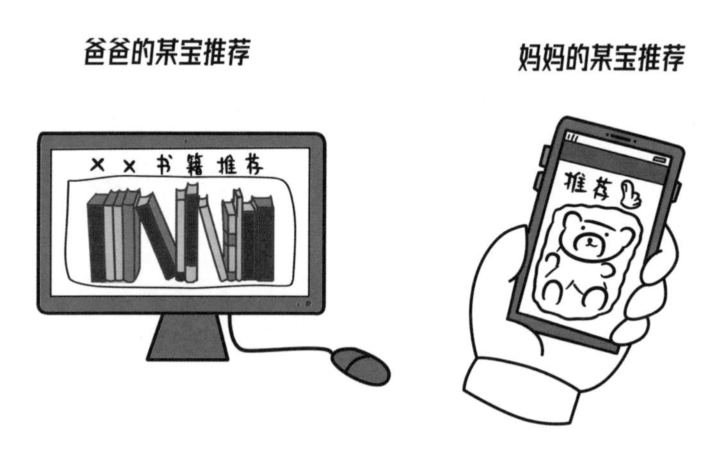

其实，是算法在帮助我们高效、快速地获取有价值的内容，

通过内容推荐来提供丰富又迎合喜好的娱乐、消费体验。算法加持的推荐系统就是我们肚子里的“蛔虫”，它深刻洞察了我们感兴趣的一切。

智能推荐算法的处理主要分为三步。

第一步是当“侦探”，挖掘用户喜好，完成用户画像。

用户画像就是对用户的特征进行收集，了解用户的偏好，例如常点击、购买、收藏、播放的视频是什么，一一记录下来，通过这些特征构成用户的偏好。比如你一天看了三部电影，第一部恐怖片只看了开头，第二部喜剧片看到了高潮，第三部动画片看到了结尾，甚至连彩蛋都没放过。那么算法就会根据你观看电影类型的不同、观看时长的区别，进行筛选整理，不仅可以了解你的类型偏好，还可以看出喜欢的程度，多方位构建用户兴趣画像。

第二步是打标签，将内容进行分类，方便用户观看。

以往：传统的分类方式一般是人为打标签，并投放到对应的领域下，像 Netflix（Nasdaq NFLX，简称网飞）在做推荐时，请了上万名专家对视频从上千个维度来打标签。

如今：在内容产量较大时，算法就能够快速处理，将一个个内容放在适合的标签筐内。算法可以从文章中提取文本信息重复度高的关键词作为标签；还可以对视频通过标题中的描述信息进行特征对比，或者通过视频里出现的形象进行检测，从而构建出合适的标签。

第三步，运用算法完成个性化的推荐。

一边是有着不同偏好的用户，一边是各有特色的视频，算法将其一一匹配对应，就可以尽最大可能匹配到合用户心意的视频，形成推荐列表。比如算法计算出你最爱看动画片，对动画片的点击率和观看长度都远远高于恐怖片，算法就会将动画片放到你的推荐列表上方，比恐怖片“地位”更高。

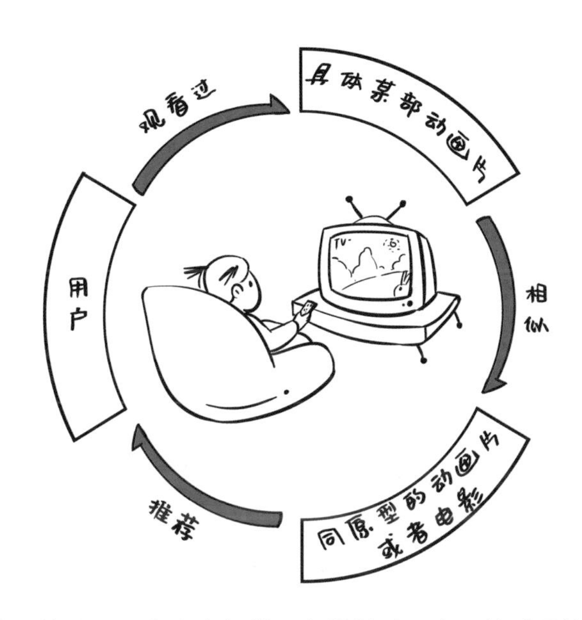

算法推荐是所有内容提供平台的基础要求，越聪明的算法越懂得用户，越能留住用户的心。事实上，只要用户打开手机，选择想要看的内容，后续应用界面的推荐内容就会越来越符合用户的口味。用户不需要自己绞尽脑汁去搜索，就能够随时随地获得愉快的娱乐服务体验。

2021 年，全球移动端应用下载量超过 2300 亿次，推荐系统等互联网服务要面对的用户规模进一步提升。未来，在算法加持下的智能化推荐，需要针对用户做到更加精准化，加强用户体验，才能在流量时代真正走进用户的心里。

算法让人人爱上健身运动

众所周知，运动有强身健体的好处。然而，在健身之路上，大家遇到的困难远不止肌肉酸痛、迈不开步这么简单。

在家运动时，我们通常会面临一系列的难题：我适合哪些训练？我应该跑步吗？应该打球吗？我的动作标准吗？会不会伤害到膝盖和脊椎？这样能消耗多少卡路里？目前的强度需要调整吗？……

那么，去健身房锻炼，请了私教，花了钱，是不是就一定能收到不错的效果呢？

答案是仍然很难坚持。本以为把钱交给健身房，再找一个负责的私教，就可以让自己斗志满满，愿意离开温暖的被窝或者凉爽的空调房去健身。但事实上，很多人连私教的信息都不敢回，更不用说出发前往健身房了。

这可该怎么办？有没有一种简单的方式，既能让我们开心地锻炼，又能起到健身教练在旁边纠正动作、督促练习的作用，还能给我们一定的自由度，最最重要的是花钱还要少！

别急，为了你的健康着想，算法来拯救你！

首先，算法加持的智慧运动能够通过目标追踪进行分析。

简单来说，就是让屏幕抓取并锁定运动人物，同时对人物的动作展开详细的分析，从而达到记录、分析、规划、预测的作用。

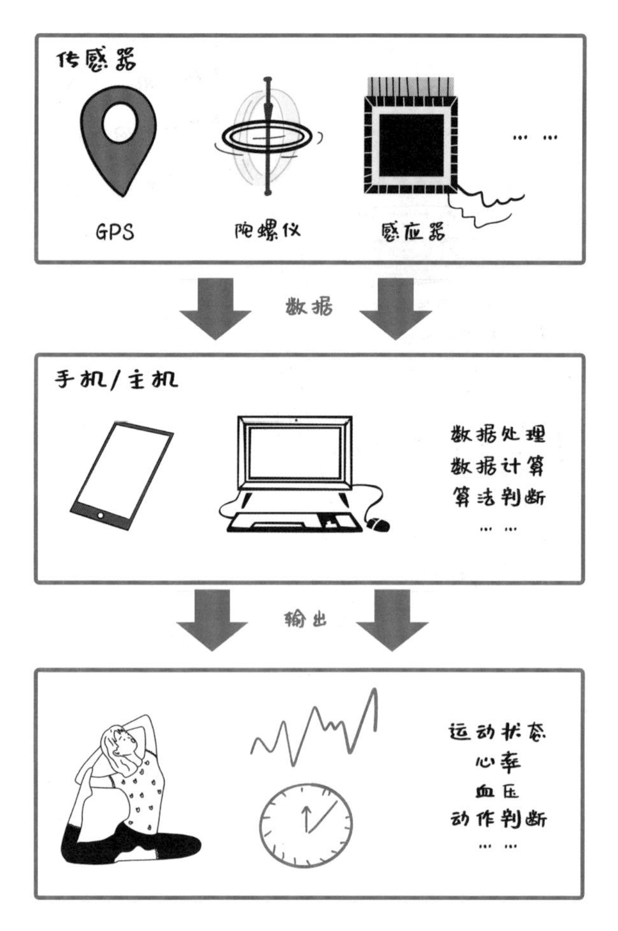

举例来说，每个人运动的时间、速度、姿势、动作都各不相同，也就形成了不同的特征数据（算法用数据“小本本”记下来的过程，叫作特征提取），相当于我们拥有了独一无二的“运动身份证”，这样算法就不用每次都提取数据、对你重新认识一遍。

其次，在识别之后开始检测追踪。

算法将“目光”一直锁定在你的身上，并利用目标追踪算法将大量的运动数据匹配、分类，并进一步分析处理，达到智慧运动的效果。

那么，智慧运动究竟能实现怎样的场景应用呢？打开算法加持的健身软件，一起来感受一下。

第一步，算法可以通过追踪你的运动轨迹，算出你的健身习惯、强度、频率等。算法可以使软件拥有高于 90% 的辨识精准度，结合数据采集及分析，还能 3D 重建动作轨迹，一目了然，客观清晰。

第二步，算法可以制订并调整适合你的健身计划，把一切安排得明明白白。

透过大数据来分析每次健身的动作姿态和疲累程度，可以获

得比肉眼精确万倍的轨迹、幅度、速度数据，从而帮助你有针对性地进行训练，简直是“保姆级”待遇。

第三步，算法可以自动追踪识别，剪辑出你运动过程中的精彩画面。

人工拍摄往往需要他人配合，抑或需要自己摆拍调整，不仅麻烦，时效性也较差。

算法则不同，它是“无情”的画面收集机器。通过全方位的动作识别和分析，当人物姿态产生大幅改变，或者速度、姿势达到特定数值时，可以自动剪辑精彩瞬间。让你每次运动完都能收获快乐和美照，拥有满满的成就感。

拥有算法加持的智慧运动软件后，健身不再只依靠教练指导和自身感受，实现了从经验到智能的跨越。比如，在2020年东京奥运会中，中国乒乓球队引入了AI陪练，使用发球AI辅助训练，扎实基本功；跳水“梦之队”则使用了国内首屈一指的3D云端+AI跳水训练系统，让运动盛宴与智慧文明实现融合，展现充满未来感的世界。

总而言之，智慧运动让人们的运动数据可追溯、可分析、可预测，不论是监测矫正、隐患预防，还是专业训练、技能提升，都变得更为科学。算法则是其中非常重要的一环，它让智慧运动的逻辑变得更加顺畅和缜密。

不断码，不压货，算法实现智慧零售

购物时，你是否有过这样的经历：在一家店里好不容易看见一件心仪的衣服想要收入囊中，却被导购告知没有合适的尺码或颜色了，只好扫兴而归……

其实，店铺和品牌商家也很无奈。在服装零售领域，店铺必

须对货品的供应程度有极高的灵敏度，才能满足顾客的需求。一般来说，货品依赖零售环节中专业人员对其进行铺货和调拨，如果铺货不精准、调拨不及时，就很可能导致门店货码不全而仓库大量积压这一矛盾性问题。一方面，有些门店里出现断码、缺货的情况；另一方面，服装仓库中积压着大量库存，企业没办法处理过剩的商品，大大影响盈利。

因为传统的人工没有办法做到对门店完全掌握且精准铺货营销，所以在智能化时代，需要依靠算法帮助商家解决这个困扰，实现“智慧零售”。

那么，算法是如何解决这令人头疼的断码与库存问题的呢？

首先，要对各个地方的消费者进行数据收集。

以往：不同地区的消费偏好和尺码需求会有所区别，传统的收集方法往往依赖商家自身的经验，如店长日常的缺码反馈、同期的尺码售卖比例、标准的一手码比例等，会有一定的偏差。

如今：算法可以通过门店的会员信息来进行数据收集和特征提取，将其分为不同的客群属性，包括性别、年龄、生日等人群自然属性，尺码偏好、颜色偏好等商品偏好属性，消费次数、最高单价等消费行为属性，及流失、忠诚、价值等 RFM 属性。在这几个属性下，不同特征进行组合，即可构建出多种“消费者标签”，进而形成精准的会员画像。

其次，智能匹配渠道，让货品更符合当地消费者的需求。

以往：传统的零售模式一般根据商家自身的经验和最近的货品售卖情况确认进货风格和数量，耗时较长，精确性较差。

如今：算法加持的智慧零售系统能够综合消费者画像、商圈气候、历史销量等数十个维度特征，创建出一个算法模型，匹配服饰的主题风格、尺码、颜色等指标，细化到每个渠道、每家店铺，提供自动化、智能化的铺货。比如，住在北方走欧美风的模特和住在南方走“森女风”的学生，其风格和尺码等偏好必然有所不同。

最后，智能预测销量，动态调节库存。

以往：在传统零售行业中，产品卖出去后才能知道具体的销量情况，然后再进行货品的补充调节，不但时间周期长，还无法实时预测未来的情况。可能好不容易进了货，却发现这款服饰已经不流行了，从而浪费财力和精力。

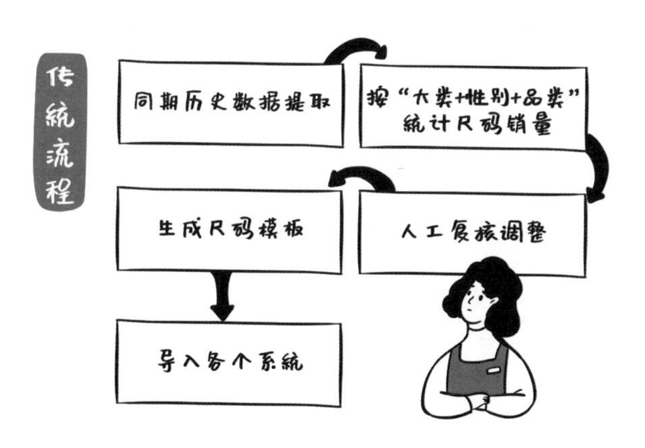

如今：算法加持的智慧零售系统可以根据数据特征搭建一整套的预测模型，小到预测每一阶段不同款型、尺码的销量，大到预测单个渠道的总销量，实时输出结果。并以此为依据，进行快速地调补货、下单生产、营销促活等商品洞察和运营动作。举个例子，如果某家门店的某款服装每天都有一定的客流量且不断增长，算法立刻就能收到风声，将其销售量放进自己的模型中，再配合季节、节日及其他因素，预测出这款服装的销量在未来是否依旧为上升趋势，从而告诉商家是否需要抓紧时间补货。

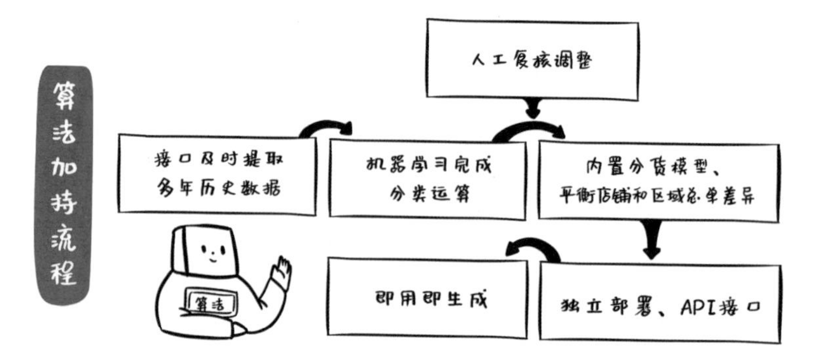

算法加持的智慧零售系统，既有利于商家洞察消费者的购买行为，以更加便捷、高效的方式提供个性化的商品，也有利于消费者获得更加愉快的购物体验。

在智慧零售时代，各类零售企业与品牌商应不断探索零售行业的智能零售模式，对自身体系分层次地进行审视与精确优化，由内而外实现质的蜕变。未来，零售领域将会突破传统销售场景与交互模式，设计场景化、圈层化的终端体系，包括线下体验场景的全面升级，线上线下渠道的融合，从而满足客户对时效与体验的综合需求。

第 4 章　医疗领域算法

人工智能算法在医疗领域的应用，主要围绕着“生命健康”这一重大社会命题，并在慢性病预测、诊疗和临床应用等方面有着深入探索。比如在常见的辅助诊断监测方向，人工智能算法扮演着“助手”的角色，为我们“做笔记、划重点”；还有近几年备受关注的疫苗研发方向，人工智能算法则像一名“生物画家”，助力科学家描绘蛋白质结构；在疾病预测方向，人工智能算法以“预诊医师”的身份发现潜在病灶，防患于未然。

科技不断赋能医疗健康领域，人工智能算法在医疗领域中的应用正在逐步脱离红海，更为扎实地深入医疗行业。然而，由于医疗领域的特殊性以及生物医学数据分析的困难性，人工智能算法在医疗领域中的应用还需要大量的测试和训练。但无疑，人工智能算法在医疗领域有着广阔的应用前景。

未来，人们将从医生和病患的角度，重新认识和理解人工智能如何赋能医疗领域，不断勇闯蓝海，将人工智能算法深入应用于细分的健康领域，解决更为棘手的实际问题。

早发现，早治疗，健康监测算法帮你分清早期发病信号

人人都想拥有健康的身体，“早发现，早治疗”也是理想中的最佳诊疗流程。然而，有些疾病擅长“捉迷藏”，患者很难分清发病信号，等到发现时已经根深蒂固。另一方面，即使早期感到不舒服，患者自己也只能描述出表面症状，如咳嗽、腰痛等，医生无法立刻做出判断，只能多加观察。

以糖尿病为例，虽然糖尿病的诊断难度不大，但许多糖尿病患者并不知道自己患病，没有特殊原因也不会专门去就诊。美国糖尿病与消化及肾脏疾病研究所（NIDDK）的研究发现，约有三分之二的美国 2 型糖尿病成年人不知道自己得了糖尿病。患者自己难以监测医疗数据、无法判断症状、缺乏医学知识是慢性病筛查困难的原因之一。

是否有这么一种途径，能够更早地获知患病风险和潜在征兆呢？其实，算法在医疗领域正逐步显现威力，助力疾病筛查和预测机制，在家庭医疗领域提供强力辅助。

以糖尿病预测为例，首先，需要构建算法加持的糖尿病监测模型，作为医疗监测的基础。

建立模型前需要先收集历史病例样本数据，包括血糖、血压、年龄、患病史、发病症状以及家族遗传史等信息，同时通过专家座谈会交流讨论，将数据和经验结合，建立一个初步模型。

模型构建后，会利用已采集的七成左右的历史样本数据进行训练，在训练期间，由于病理的复杂度较高，模型深度学习后可能会产生多种解法。而剩下三成数据用于验证模型，会对不同算法的输出结果进行比对，再配合专家评估，选择匹配性、准确性更高的模型，最终形成糖尿病监测算法模型。

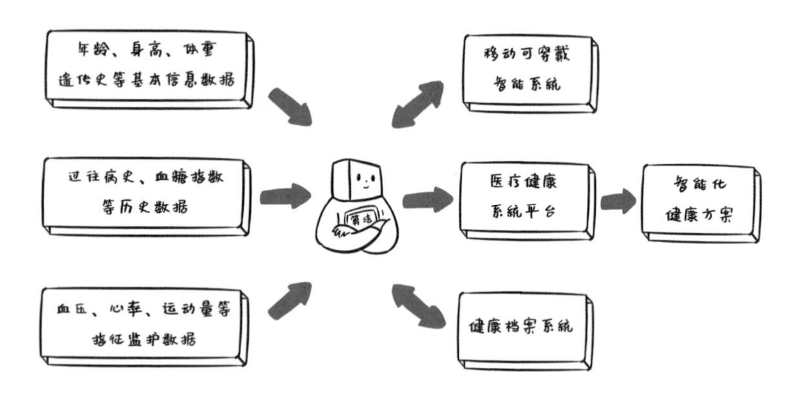

其次，利用智能设备采集数据，配合算法模型进行动态监测。

分析病状的监测模型——“大脑”完成后，还需要监测传输的“双手”。一般来说，我们可以借助智能监测设备和健康 APP 来实时关注用户情况，如可穿戴的智能手环或智能检测仪等，动态、实时、可持续地监测血压、心率、运动量等与血糖变化相关的数据。另外，还可以配合相关 APP 记录饮食等情况，多方位收集用户数据，上传至云端。

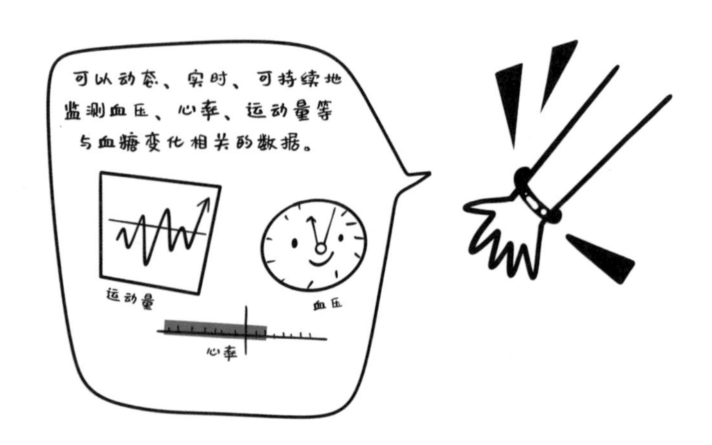

最后，算法模型评估用户健康状况，生成智能化健康方案。

设备将监测的数据上传到算法加持的医疗健康系统平台后，系统通过模型分析研究，实时预测用户的患病和出现并发症的风险，并针对不同的潜在患病风险生成智能化健康方案。

当系统判定用户有高患病率，或者已经出现前期症状时，算法模型在输出健康方案的同时，也会发出信息建议用户及时就医。医生可以依据前期算法模型记录的数据，再配合专业诊断为患者做深入干预，防止病情恶化。

不仅是糖尿病，对肾脏疾病、心血管疾病、肠胃疾病等慢性病，阿尔兹海默症等神经系统疾病，或者抑郁症等心理疾病，算法都可在监测预防方面起到重要作用。利用算法加持的系统和设备能够及时监测生理状态或认知心理行为，以便及时干预，防止不可挽回的风险和损失，大大有利于保护生命安全。

算法加持的健康监测模型作为重要的辅助诊断手段，能够弥补人力在预测和判断疾病中的不足，大大缓解医护人员在数据研究上的工作负担。医疗领域还有众多难题需要去探索解决，相信随着人工智能技术的发展和算法的深度应用，智慧医疗能够在疾病预测和诊断方面有更大的发挥空间，大大改善当下的医疗方式。

“算法之眼”效率高，成为医疗诊断神助攻

每次去医院，都要花上半天的功夫，这不仅是因为排队时间长，也是因为疾病复杂多样，医疗资源不均衡，导致诊断的时间也随之拉长。

普通疾病尚需要耗费大量的医疗资源，小至细胞级别的诊断则更是困难重重，血液疾病便是非常典型的一个代表。血液疾病种类繁多，仅中国检查需求量可达到每年 300 ～ 500 万例。然而，细胞形态检验仍有赖于人工操作，耗时耗力，准确性也不高。

随着算法赋能的智慧医疗不断发展，算法技术和医疗诊断有了更深层次的融合，算法成为了辅助诊断的有力工具，能大大提高诊断的效率和准确性。接下来，我们就以辅助诊断细胞类疾病为例，来看看算法是如何发挥威力的。

首先，算法通过深度学习技术，构建细胞疾病辅助诊断模型。

起初，科学家会收集两类细胞数据，即健康正常和非健康的骨髓细胞图像数据，包括有核细胞的类型和数量、异常细胞、寄生虫情况等数据。算法可以通过对比分析，深度学习，挖掘出差异特征，构建初始模型。之后，再利用一些正常和非正常的细胞数据做成“习题集”，让算法模型不断学习，进一步锻炼模型的准确性，更好地区分出健康细胞和异常细胞。当准确率达到 95% 以上，这个算法模型就可以“出师”了。

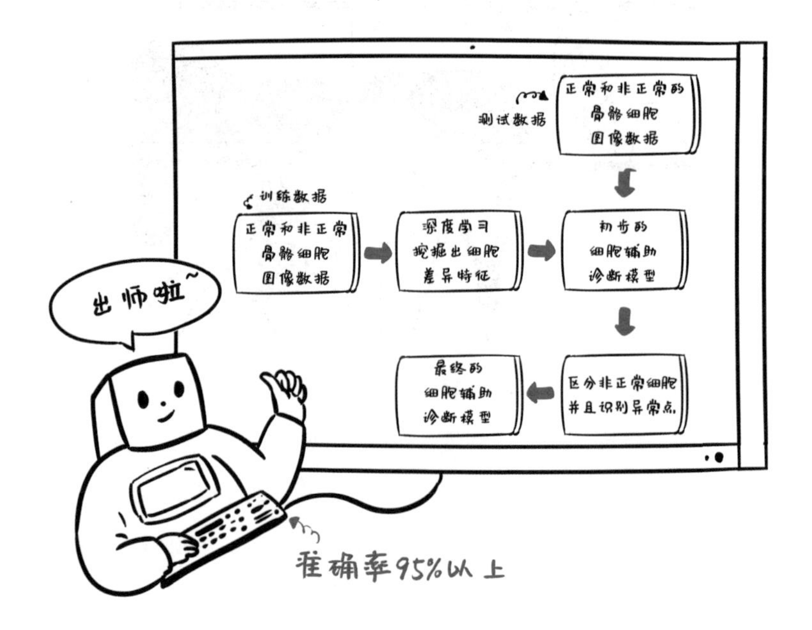

其次，算法模型依照细胞图片提取特征，进行细胞识别。

虽然现代医学技术高速发展，但传统的骨髓细胞形态检验仍需要靠肉眼在显微镜下观察，对细胞采取人工计数的方法。一方面，这样会耗费大量的人力资源，诊断人员也容易疲劳，效率不稳定，一般 3 ～ 7 个工作日才能拿到诊断报告；另一方面，诊断准确性难以保证，据统计，三甲医院诊断人员细胞识别符合率仅为 70%。

当有了算法模型，我们只需要将采集回来的细胞涂片的图像进行扫描，算法就可以仔细“端详”细胞结构，依据学习经验来迅速“圈”出细胞的各个重点特征。

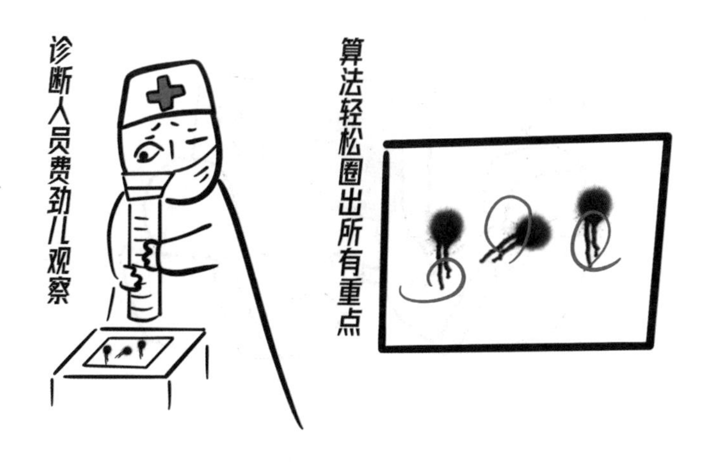

最后，判别细胞形态是否异常及其异常点，分析生成病理诊断报告。

当算法加持的细胞疾病辅助诊断模型对细胞完成判断，不仅可以将细胞图像中的异常之处重点展示，还可以自动生成相关的文字报告，进一步简化医生的工作流程。医生就可以依据算法的识别诊断结果来进行最终的审核。

相较于人工诊断流程，算法加持的细胞疾病辅助诊断模型可以使诊断时间以秒为单位，迅速生成报告反馈给病人，显著提高效率。另外，审核结果还可以进一步反馈给算法模型，成为新的学习资料，优化辅助诊断模型。

新冠肺炎疫情期间，通过算法加持的影像识别辅助诊断能够在短短几十秒内对 CT 影像进行判读，区分新型冠状病毒肺炎、普通病毒性肺炎及健康肺部的影像，结果准确率高达 96%，大大缩短了诊断流程和时间。

当前，人工智能诊断尚处于落地应用的初级阶段，需要政府部门、医疗机构、人工智能技术方等通力合作，共同打造智慧化医疗，进一步缓解医疗资源紧张等问题，着力提升人们的医疗幸福度。

算法担当“病毒画家”，助力疫苗研发

你是否从小就害怕打针和吃药？当人类面临健康问题的时候，各种药物就成了人类健康路上的保护神甚至救命神。

除了吃药和打针，疫苗也是预防疾病、增强抵抗力的一大法宝。实际上，疫苗的本质说白了就是用病毒去对付病毒。没错，就是传说中的“以毒攻毒”！

疫苗就像是扮演病毒的“演员”，提前进入人体，刺激身体记住自己的样貌特征，预先产生对付抗原的抗体和记忆细胞，以便在真正的病毒入侵时，能够通过“长相”迅速认出病毒并及时消灭它。

现代生物学面临的复杂问题之一，就是如何掌握未知的蛋白质结构、解码细胞秘密来攻克疾病，而蛋白质结构则在疫苗研发中起到核心作用，如 mRNA（信使核糖核酸）疫苗。由于病毒神秘复杂，每种病毒的蛋白质结构都变化多端，内部结构信息经常缺失，在实验中刻画病毒的样貌细节非常困难，等于要从零开始，耗费大量的时间和精力资源，而且准确性难以预测。

如果借助算法的力量，则相当于请了一个“神笔马良”，算法能迅速推演、描绘出病毒全貌，大大缩短研发时间，减少医学专家的精力投入。

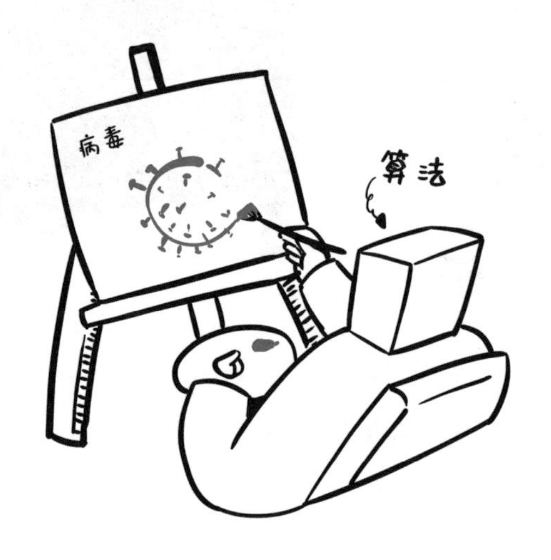

首先，算法能够深度学习成为“病毒画家”，构建疫苗研发模型。

科学家以 10 万余种已知的蛋白质结构作为训练数据，让算法进行学习，分析蛋白质的结构和遗传序列，构建出一个结构预测模型，也就是“病毒画笔”。然后，再使用一些蛋白质结构残缺的数据进行测试，看看算法模型是否能够正确补全蛋白质结构数据，比如给一些少了“头”、少了“胳膊”的蛋白质样貌，看算法是否能够画出完整的样貌。当正确率非常高的时候，就能成为一名正式的“病毒画家”了。

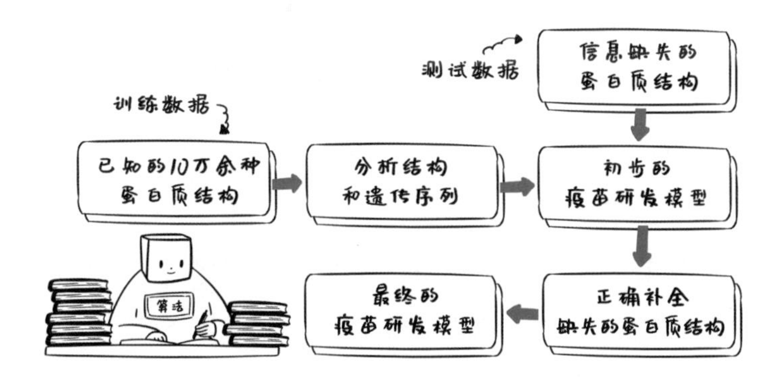

其次，算法展开想象的翅膀，推演病毒的样貌特征。

在模型构建完成后，算法就可以一展身手，尝试揭开目标病毒的神秘面纱。针对那些缺失了蛋白质结构具体信息的病毒，“算法大脑”可以超高速运转，推演完整的结构信息特征，将病毒缺少的“身体器官”或“服饰风格”一一补全。原本解锁蛋白质结构需要耗费漫长的时间，少则数月，多至数年，有了算法，就可以在极短的时间内捕捉到病毒的关键特征，为疫苗设计提供重要信息。

最后，算法“画出”病毒的蛋白质结构，提交“画作”，由科学家进一步分析。

当算法模型推演出病毒的结构细节，比如缺少的“头”“帽子”或者“首饰”等，进入实战现场的算法模型，就可以开启真正的“绘画”之路了。科学家们原本苦恼的实验、分析、设计环节，算法模型可以迅速补充完整，向科学家展示自己的“画作”。

之后，科学家依据算法给出的信息进行疫苗设计，并送到指定机构完成从动物到人体的活性测试等重重考验。如果疫苗“画作”能够逼真“复刻”病毒，为人体带来极好的免疫效果，那么就有了推向市场的宝贵机会。

新冠肺炎疫情暴发之初，全球人民都在期盼新冠疫苗的出现。算法则为病毒疫苗的药物研发与疫情防控创造了快捷键，使其不断加速。在疫苗研发中，算法不仅能够帮助研究人员了解病毒及其结构，还可以预测病毒的哪些成分会引发免疫，追踪病毒突变情况。期待有一天，算法等人工智能技术能够与科学家们携手，解决人类遇到的各种棘手的医疗挑战，挽救更多的生命。

第 5 章　工业领域算法

人工智能算法在工业领域中的应用，看似与我们的生活有一定距离，但实则不然。我们接触到的每件商品，都是由人工智能算法配合“无情”的工厂机器生产制作而来。为了不让我们买到残次品，对产品和设备的检测也需要使用算法进行识别、管理和解决，其中包含了各种技术之间的融合应用。

实际上，中国工业领域的应用场景非常多，尤其是制造业。人工智能算法的应用前景非常广阔，机器学习、语音识别、知识图谱、推荐系统等都能很好地运用在工业场景中，如质量监测、工业控制、求解优化等方向。

工业 4.0 时代，人工智能算法需要和各行各业更好地融合，深入了解实际问题和痛点，以帮助改善行业生产过程中的工艺、控制等内容，为企业带来更多的实际收益，实现工业数字化。

渠道多，货多，超市怎样做到合理采购

你是否留意过熟悉的连锁便利店门口装满大大小小箱子的货车，或是超市里站在梯子上的工作人员盘点、摆放的成箱商品？

琳琅满目的商品整齐地摆放在货架上供人选择、缺货商品不足三天便完成补货，这些熟悉的场景看似寻常，背后却都离不开一个关键环节——采购。

对于体量庞大的企业而言，采购并非易事，这一环节通常涉及产品类目、数量确定、供应商选择、成本核算、降本分析等事项，需要耗费大量的人力和时间，消费旺季接连不断的采购需求更是让采购员们焦头烂额。

而采购机器人的出现，充分发挥了算法的神奇力量，为诸多企业的采购环节减负。

那么，采购机器人是如何通过算法为企业减负的呢?

首先，缩短采购流程，实现采购流程透明化。

以往：手动处理采购请求并创建采购订单通常会耗费采购员大量时间，且采购数据仅掌握在采购员手中，透明度堪忧，也耗时费力。

如今：采购机器人能大大简化采购流程并保证全程透明，整个流程都可以“一键全自动完成”。采购机器人内置的专门算法在收到采购请求后会立刻安排机器人“自觉”地完成工作。

各环节产生的数据可实时上传至云端供随时调用，这使得采购流程全透明，可有效防止因为采购员篡改数据而被钻空子。

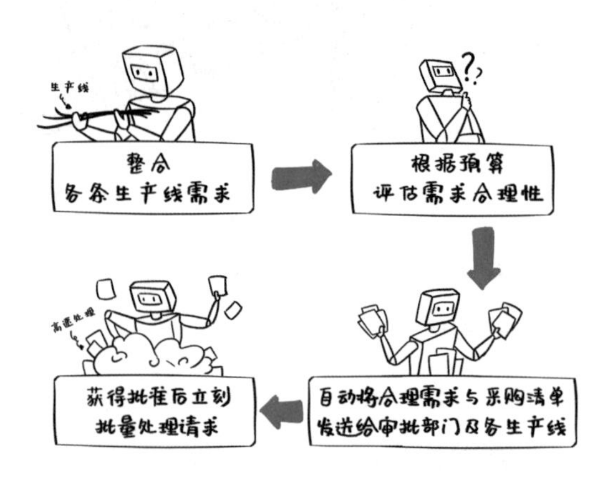

其次，节省人力成本，提高采购效率。

以往：采购员盘点后，可能发现 A 生产线需要 x 匹蓝色长绒棉布料，B 生产线需要 y 台缝纫机，这些产品种类、数量和成本都需要人工手动计算，容易出错，万一不小心在数量里多按一个 0，便会酿成大错。

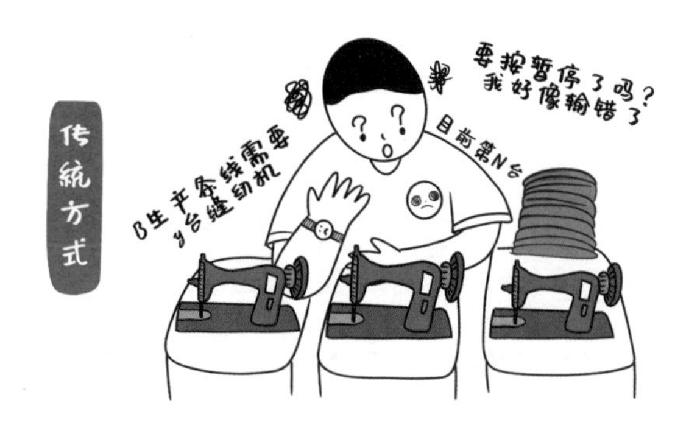

如今：采购机器人的一大优势便是能借助大数据及算法，在几分钟内完成采购员需要数天才能完成的工作，效率倍增。采购机器人系统内置对应算法，只需要输入需求产品品类、数量，系统就能迅速将同类产品打包并准确无误地核算采购成本，不仅解放了大量劳动力，也避免企业因为人为失误导致不必要的损失。

最后，智能选择供应商，降低采购成本。

以往：由于采购员精力、经验有限，即使想通过多方比价来选择最合适的供应商，也往往由于可选项有限、需采购品类零散、数量不一，而不得不“矮子里挑将军”，勉强选择一家。

如今：有了采购机器人后，内置系统不仅能根据算法整理出全部可选供应商，还能整合不同部门间的采购需求，智能匹配出多家供应商，并向原厂或代理商统一进行采购。

如果一次性采购的原材料品类庞杂、数量较多，机器人还可以运用算法分析出哪些原材料应从 C 供应商处采购，哪些应该选择 D 平台。更进一步，如果某生产线经常采购的某固定品牌价格突然上涨，机器人还会自动推荐更为物美价廉的替代品牌。

总之，得益于算法加持的采购系统，采购机器人的出现能够实现采购流程自动化、透明化，并帮助企业节省人力资源、缩短采购时间、控制采购成本。

近年来，采购机器人为各类企业采购业务的开展带来了巨大变革。采购机器人已成为全球范围内近三分之一公司的首席信息官（CIO）的重点投资对象，其在世界范围内的普及率、运用率大幅提升。未来，我们期待采购机器人与各行各业碰撞出更多的火花。

给产品“挑刺”，非常有必要

全新的商品出现问题，真相只有一个——产品生产时的原始质量有问题！谁都不希望买到残次品或瑕疵品，这也就对厂家生产时的产品质量检测提出了更高的要求。为了严格把控出厂产品的质量，减少返修、返厂、废弃的概率，制造业纷纷将目光转向了算法，希望运用算法来提高产品缺陷检测效率。

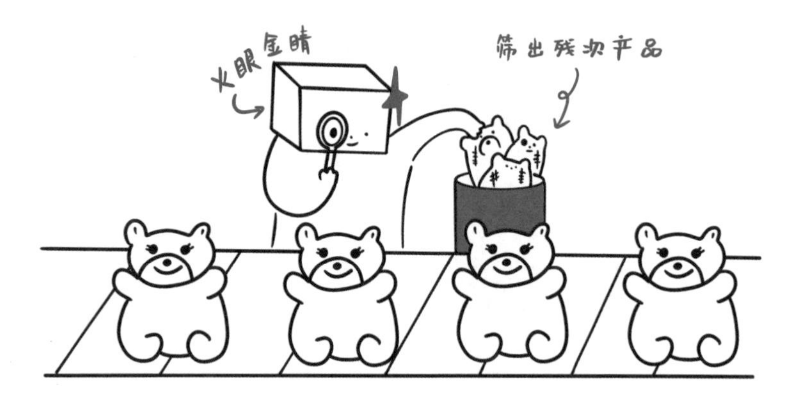

那么，算法是如何实现高效的产品缺陷检测的呢？

首先，深度学习学会“挑刺”，构建产品缺陷检测算法模型。

在落地应用前，算法需要先“上课”进行深度学习，构建产品缺陷检测模型。“课本”就是为算法提供的历史样本数据集，包括有缺陷（如划痕、污点、凹陷等）的产品图像数据和无瑕产品图像数据，再搭配研究人员依照自身经验给出的常见缺陷样例，算法会搭建出一个初步的模型。

一段时间之后，算法已经经过了日常训练，通过反复的学习对于无瑕产品有了比较深刻的印象。之后，研究人员会利用大约三成的图像数据测试模型，以“考试”的形式查看算法模型是否能够准确识别出有缺陷的产品，等到特别会“挑刺”之后，就优化升级出最终的产品缺陷检测模型。

其次，算法通过采集到的图像数据进行特征提取，打上相应的标签。

工厂在进行产品缺陷检测时，会为算法模型搭配“好帮手”——智能化高清设备来进行产品图像的采集。通过“犀利”的镜头采集回清晰、完整的图像后，算法模型立刻开工，对这些产品图像进行特征提取，比如几何形状、颜色、纹理、明暗等，并打上相应的特征标签。相比传统的人为提取特征，算法提取特征能更准确地描述缺陷并衡量其严重程度，检测细致度和精确度都大大提高。

最后，依据对比进行判别并标记，再将检测结果生成报告上传至云端，供进一步检查。

在提取出产品特征后，算法模型就可以开始对比、判断、识别并标记了。依据特征标签，算法会再拿出早已知晓的无瑕产品图像（也就是参照物），一一进行对比，一旦标签不一致就将其圈出来做上标记，判定这个产品存在缺陷，并依据标签识别出缺陷种类。同时，该产品的缺陷位置信息也会被标记，最终形成完整的检测结果上传到云端。

两个图像之间的差异检测出缺陷

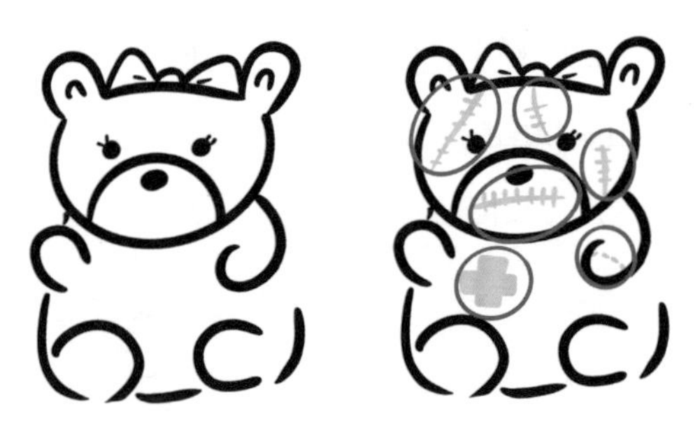

管理员收到信息后，就可以做进一步的筛选复查，对有缺陷

的产品进行回炉重造，大大提高流水线效率和出厂质量。而算法模型也在工作过程中继续进化，立志成为“最强打工模型”。

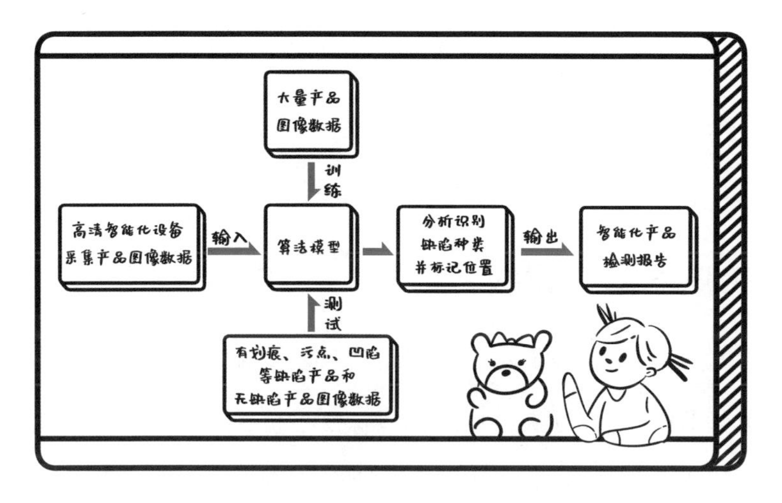

利用算法赋能的产品缺陷检测系统便捷高效，能够有效降低人力成本，并精准识别细微的缺陷，解决人工肉眼容易漏检和误判的问题。不仅如此，通过对产品数据的大量统计和分析，还可以建立缺陷产品数据库，有效改进生产方式，进一步把控产品质量。

工业 4.0 时代，供给端和需求端共同创新，应当以算法技术打造更高效优质的产品服务体验。算法赋能产品缺陷检测领域不断发展，有利于企业提高生产效率和积极性，同时也能有效提升消费者的信赖度，打造更好的体验感。

工业界的“超级劳模”——工业机器医生

工业 4.0 时代来临，人们对产品的需求激增，单靠人力的流水线劳作已经无法满足大众的需要。工业机器人能够模拟或者替代工人，进行有序的专职工作。例如，有些机器人专门拧瓶盖，有的专门贴品牌标签。它们可以做到“007”工作制，堪称工业界的“超级劳模”。

然而，即使是机器劳模也会“亚健康”甚至“生重病”。随着工业机器人的数量和使用时间不断上升，故障发生的频率和影响力也越来越高。一旦发生故障或者“罢工”，极易影响到生产产品的质量，甚至会出现“一机罢工，拖累全厂”的事故。

因此，算法加持的故障预测和健康管理（PHM）技术系统相当于全天候的贴心健康助理，实时监测这些“劳模”的健康状态，能够对它们的状态做出合理预测和管理，保障工业机器人的健康安全。

首先，归纳历史数据，利用算法建立健康检测模型。

工业机器人健康和生病时的状态有所差异，所以需要收集工业机器人工作时的操作动作、频率、幅度、温度等历史数据，对健康状态下的工业机器人有基本了解；再通过生病期间的异常历史数据进行分析总结，对其故障症状和原因模式进行研究，最终学习总结出“健康检测管理笔记”，从而构建出全面、可用的健康检测模型，为投入使用打下关键基础。

其次，传感器采集数据，处理并提取特征。

当算法机器端有了分析模型后，还需要在工业机器人端给它们配上“手机”（也就是传感器）以保持实时联络，从而监护工业机器人的健康状态。通过传感器能够获得工业机器人的参数指标，例如振动、温度、光强、电压的变化，每种变化的强弱和长短都与工业机器人的健康息息相关。为了诊断更准确，算法会对收集到的变化数据进一步处理并提取特征，找出与故障状态联系强的特征数据。

举例来说，专门拧瓶盖的工业机器人原本 1 秒震动 3 次，但目前检测出它的频次有时 1 秒 1 次，有时 1 秒 10 次，说明数据出现了异常，接下来就需要做进一步的判断。

最后，通过故障预测模型判断设备健康状态，并生成健康报告。

设备的各种信息特征都收集完毕后，算法就可以根据已有的健康检测模型进行判断。像翻优等生的笔记那样，找出最有关联的故障原因和解决方案，最终形成专业的健康报告，及时向设备管理人员通报，说明健康风险状态和主要风险部位，以便工厂能够合理安排工业机器人“住院检查”或“调休保养”。

与此同时，我们还可以将新的“健康笔记”添加至健康检测模型之中，不断学习和优化相关模型，让下一次的诊断更加轻松。

据统计，算法加持的故障预测和健康管理系统能够延长工业机器人的生命周期，减少约 35% 的设备停机时间，降低四分之一的维保成本，为企业省时省力，带来更高的经济效益。此外，对设备进行高效的维护检测，能够延长其生命周期，从而尽可能地节约资源，起到保护环境的作用。

第 6 章　金融领域算法

俗话说，金融“泡”于数据，“跑”在云上，是极具数字化基础的行业领域。我们的每一笔线上消费都在无形中绘制着自己的“金融身份证”，每一笔投资的背后都有人工智能算法这位“金融经理”在进行支持和评估，更不用说征信审核、保险理赔等需要“精打细算”的项目。

一般来说，金融行业是人工智能算法产业化程度较高的领域。金融行业背靠客户资源，数据优质多样，有充足的空间让人工智能算法施展身手，在银行、保险、基金以及金融监管中有着广阔的应用场景，尤其是在风险控制领域，人工智能算法对于欺诈、反洗钱、异常交易等常规手段无法解决的细分领域有着重要的应用价值。

未来，期待针对智能决策、智能风控、智能营销、智能支付及其他应用领域，推动研发先进、安全的人工智能算法，让金融行业向智能化、个性化、主动化转型升级，打造数字经济时代的金融创新引擎。

信用也能换钱，算法助力“一诺千金”

过去，我们向银行等金融机构申请贷款时的操作流程，如果用一个字形容，那就是——长；如果用两个字形容，那就是——复杂！

我们不仅要提交各类申请，还得经历银行信用评估等一系列的复杂流程。更匪夷所思的是，有时候我们会无缘无故办不下来，而隔壁的小王却可以顺利拿到贷款。

其实，金融业务办理流程长的原因之一就是必须进行风险把控。在传统风控环节中，普遍存在信息不对称、成本高、时效性差、效率低等问题。如今，金融产品的申请和办理逐步优化升级，但也催生了一系列的问题，如信用卡逾期等，所以需要通过更稳妥、可溯的方式来评估、预防风险。

算法加持的“智能风控”在人们的需求下隆重登场，通过智能化手段，使得针对个人的信贷环节效率更高。

首先，归纳分析历史数据，构建智能风控模型。

为了尽可能地降低违约风险，银行等金融机构会将历史数据进行收集整合，包括贷款数据（如贷款金额、还款日期、逾期违约情况等）、公共数据（如社保、公积金、税务、水电缴费等）、平台数据（如微信、支付宝等）等，作为训练数据交给算法，构建出初步的智能风控模型。

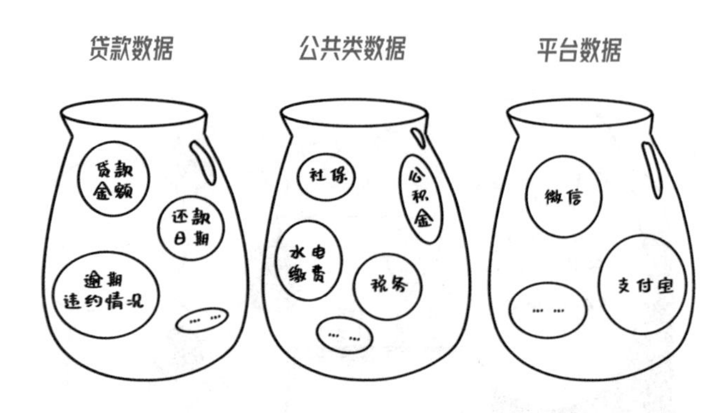

同时，为了测试算法模型的准确性和合理性，会再用另一部分历史数据（称为“测试数据”）进行“期末测试”，如果测试

结果理想，就可以开展智能风控服务。

其次，算法多源整合用户数据，描绘用户画像。

以往：在传统的风控模式中，用户数据收集途径单一，基本上来自单一的数据源——中国人民银行出具的征信报告。

如今：随着大数据解决方案的普及，我们可以多源搜集数据，尽可能确保风险评估的客观性和合理性。当申请人提交了相关材料，算法模型就可以结合他之前的行为数据——比如有没有逾期还款、偷税漏税等行为判断其违约的可能性，同时结合经济能力判断其还款的实力和可持续性。

通过整合交叉分析，最终算法会提供一套有效的用户特征，也就是申请人的信用风险属性，减少“狼来了”的低信用场景。比如小赵虽然按时缴纳税款，但信用卡总是忘记还，那算法就会将这些数据整合起来，发现小赵存在“易逾期”的潜在特征。

最后，根据风控模型，进行智能审核判断。

以往：传统模式中，金融机构的授信审批决策主要依赖信贷人员的主观经验和判断，缺乏统一的标准，同时需要人工多级审批，人力成本较高，效率很难有效提升。

如今：结合用户特征，利用相关的行为数据作为补充，借助算法模型就可以轻松得出申请人的信用风险评分结果。原本需要 2 ～ 3 天审批的申请，基于算法加持的自动审批方案仅需几秒钟就可以完成。对评分高于标准且满足条件的申请可以自动通过，不需要再经过人工审核，反之则应拒绝其申请。除非是评分和条件模棱两可的，才需要人工介入进行审核。

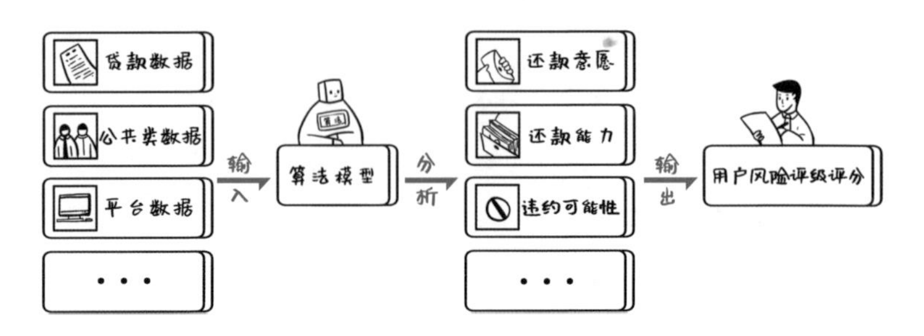

在实际生活应用中，智能风控模型已具备较好的用户区分度，可以在评估结果中清晰地区分出优质客户和劣质客户，经过技术人员的不断优化迭代，识别精度和判断速度都在不断上升。

在金融领域尤其是银行业，运行智能风控系统后，处理单笔交易的平均用时在 20 毫秒以内，整体风险交易的侦测率较之前整体提升了 30%。如今，智能风控系统的产生和发展更好地规范了行业秩序和个人行为，为人们创造了更加便利的生活。

保险配置奥秘多，算法实现精打细算

行走在大街小巷中的推销人员，除了推荐健身游泳的小王，就是推荐保险的小赵。

我们都知道，保险对于个人和家庭都十分重要，它可以将未来因风险而带来的不确定性损失由保险公司一起承担，从而减少家庭或者个人经济上的负担。

不过，为什么意外发生后，有的人赔得多，有的人赔得少，有的人被直接拒赔呢？关键就在于核保环节的确定。核保的准确性决定了保险的费率是否和风险高低成对等关系，还决定了最终赔付率的高低。

核保环节非常重要，然而，随着客户量的日益增长，每个客户的保险情况复杂程度不一，不仅给核保人员带来了极大的工作压力，甚至会影响到给客户的核保反馈。

保险公司为了提高核保效率，以及针对投保人的个性化信息定制相应的保险方案，会将历史数据——比如历史上的投保人信息、保险方案、最终保险理赔结果等作为训练数据，训练出一个核保模型，也就是核保算法模型。同时，还会选择另一些历史数据来作为测试数据，对核保模型进行测试。当测试效果比较理想时（即核保模型的性能满足业务要求时），就可以应用此核保算法模型对新的投保进行智能核保。

依托算法将核保流程简单化，不仅能够减轻保险公司的压力，

也可以更加方便保险用户。“智能保险”是如何为保险流程减压的呢？一起来看看吧。

首先，通过算法完成智能识别，增加资料识别效率。

智能核保流程的第一步就是进行相关资料的提交。

以往：传统流程中需要人工对资料进行一级级审查，先由投保人将投保资料提交给保险公司的业务员，业务员初审后，将核保资料寄给保险公司，再由核保员进行审核。核保员主要对被保险人的健康体检以及生存调查进行审核，这样下来时间耗费长，且效率低。

如今：算法加持的智能核保系统能够通过移动端上传的资料，解析一些资料文本的关键信息，归纳单个或大量文本数据的核心内容，总结其观点大意。例如，通过文本观点提取技术，机器能够从“很早以前就有了心脏病”这句话中提炼中心观点，即“较长心脏病史”。

其次，建立相关算法核保模型，判断投保人的健康状况。

以往：传统的流程是人工查阅核保资料，来判断投保人是否符合保险公司规定的健康条件，而这样的判断往往具有主观性。

如今：算法加持的智能核保系统通过对计算机进行大量核保案例样本数据的训练，使计算机形成一套自己的核保算术模型算法，面对新的情况可以不断地进行学习，调整优化原有的模型，同时可以对新的案例进行智能化决策。针对医疗领域的保险算法模型通过对被保人健康、财务、个人、心理等因素的分析，来判断这份保险的风险是否在保险公司的可承受范围之内。

例如，机器通过大量心脏疾病保单的数据训练后，它的算法模型会有如下逻辑：读取到“心脏病较严重”的核心观点，结果就是“加费”；读取到“心脏病治疗结束，有后遗症”的核心观点，结果就是“加费”或“拒保”。

最后，通过算法智能定价模型加持，让定价更加精确化、智能化。

以往：传统的保险定价模式较为单一，主要由人工进行，无法根据客户需求和风险等级实时调整产品方案。

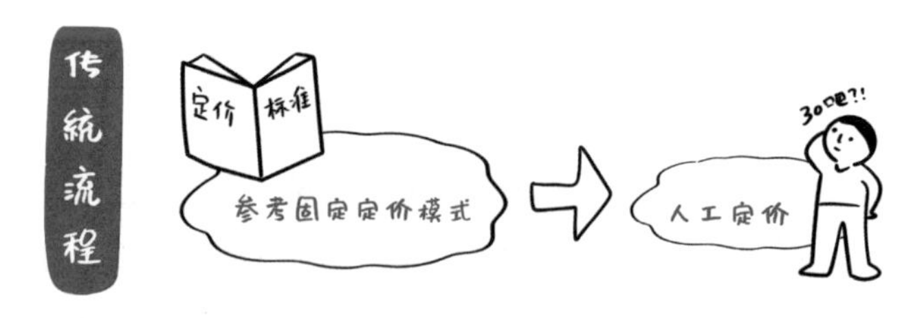

如今：算法加持的智能保险业务能够通过一套智能定价模型，结合被保险人的生活习惯、年龄、投保经历和健康状况判断等信息，为每一位消费者量身定制保险产品，并提供差异化定价来满足客户的个性需求。

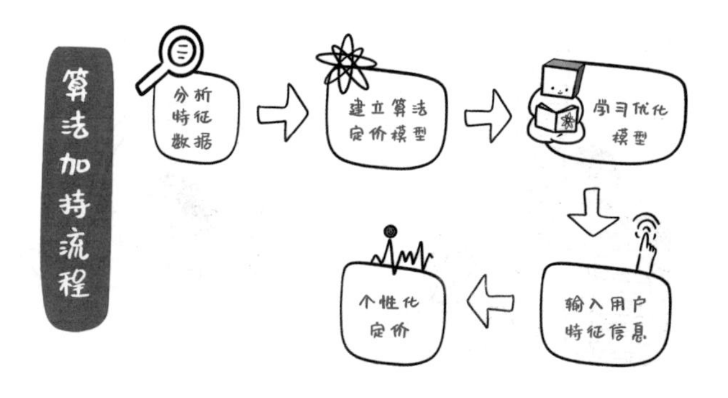

一般来说，传统的人工核保流程需要 3 ～ 7 天的时间（甚至更长时间），而算法加持的核保流程只需要几秒钟就可以完成，并且可以生成个性化强、透明度高的保险方案，提升了保险公司的业务效率，优化了客户体验，达到了降本增效的目的。

根据专业服务机构 Genpact（简柏特）公司发布的调查报告，87% 的保险公司每年投资 500 万美元以上用于建设人工智能系统。虽然当前国内的传统保险公司对人工智能的投入不如国外发达国家，但呈现出一个加速趋势，这将对人工智能在保险领域的开发及应用起到很好的推动作用。预计未来随着国内保险公司重视度的提升、研发资金投入力度的加大，这一趋势将更加凸显，为人们带来更加便捷化的金融保险服务。

有了这个理财能手，绝不当被割的“韭菜”

你是否很想理财，但又觉得理财投资是一件极其烧脑、无法把控的事情？在理财路上，你是否担心四处布满陷阱，而自己就像一绺孤苦无依的“韭菜”，随时可能会被别人收割？

随着生活水平的提高和经济的发展，越来越多的人们将目光聚焦在投资理财上，对自己的资产进行管理或者投资，期待有朝一日能够坐等钱生钱。然而理想总是很丰满，现实往往很骨感。虽然金融服务领域的门槛逐渐降低，但是由于各种投资管理信息并未完全普及化，许多人在投资理财道路上还处于新手小白阶段，没有足够的金融知识储备和专业人员支持，很容易在理财的道路上四处碰壁，甚至颗粒无收。

为了帮助用户进行决策，尽可能规避风险，以算法为重要工具的“智能投顾”便诞生了。

智能投顾指的是智能化的投资顾问平台。具体来说，投资顾问公司会基于各类金融资产历史收益数据（可分为训练数据和测试数据），加上风险等级以及预期收益，二者结合形成“学习笔记”，也就是机器监督学习所需要的标签，训练出针对各种投资风险等级的金融资产组合模型，以用于智能投顾。

与传统的人工专家顾问不同，智能投顾可以实时获取各类金融资产收益数据，以及权威机构的未来预测数据，不断地优化金融资产组合模型，以满足对投资人的投资风险偏好的管理。

换句话说，如果将你的资产比作“一筐鸡蛋”，智能投顾系统可以根据实时的情报，通过一系列的操作告诉你如何让一个鸡蛋变成两个鸡蛋，获得的这些鸡蛋要分成几个篮子装，不同材质的篮子每种能装几个鸡蛋等各种方案。

首先，算法会获得用户数据特征，构建用户画像，完成判断。

以往：传统流程中，客户数据收集几乎完全依赖于人工操作，总是需要花费大量的时间与精力和客户面对面沟通。

如今：投资者填写一份涵盖了其年龄、家庭收入、投资目的、亏损接受程度等问题的调查问卷，即可形成一套投资者的资料信息库。算法能够对这些数据进行整理分析，给用户评估打分，通过分数判定投资者在投资风险上的接受程度。

举例来说，如果小赵决定通过智能投顾来完成对资产的投资，并在对应的调查问卷填写中，在总分是 10 分的前提下获得了 9 分的高分，那算法能够简单判定小赵是一位高风险偏好者，能够承受高风险带来的利益和损失，而这些结果就构成了小赵的“用户投资身份证”。

其次，通过用户画像等数据输出个性化方案，并不断学习优化。

以往：传统的金融资产配置是人为进行判断的，投资者需要通过投资理财顾问获得产品投资配置方案，而这类服务门槛与费用较高，所以并不适合普通的投资者。

如今：智能投顾的出现让普通大众都能够享受合适的资产配置服务。算法能够通过历史数据学习，和现有的用户画像特征整合，将其转化成一个个有用的投资建议，模型能够自动生成符合用户需求的资产配置方案。同时，它们能够“活到老，学到老”，如果出现新的情况，算法也可以吸收学习，并继续优化模型。

最后，利用大数据技术，进行实时跟踪调整。

我们都知道，市场并不是平稳发展的，存在着各种因素让钱袋子变鼓或变瘪，而且用户的投资理财偏好、风险承受能力也可能会随时间发生变化，所以需要算法不断跟进市场现状和用户特征，动态调整资产管理组合方案。

同时，算法也在不断的学习中，持续优化调整智能投顾服务。比如实时监控全球资本市场以及风险事件，当遇到影响力较大的风险事件时，通过算法对风险较高的资产配置进行识别判断。如果金融市场内证券投资风险居高不下，算法会降低用户账户中风险较高的资产权重比例，将资产转移到低风险领域，从而达到降低资产组合风险的目的，保证用户资产风险处于一个平衡稳定的发展状态。

新冠肺炎疫情期间，智能投顾服务的需求显著增加，多家券商针对这些需求开展了智能投顾和智能账户诊断等在线服务，基于用户画像与智能算法技术满足客户个性化的财富管理诉求，智能化引导投资者理性客观看待疫情影响，推动投资顾问服务有序开展，帮助客户完成个性化的财产管理。

算法加持的智能投顾能够满足消费者个性化的投资需求，降低投资成本和投资门槛，并且为用户提供全天候不间断的投资咨询及管理服务，24 小时待命。智能投顾还能够为传统金融领域未曾覆盖到的普通人群提供普惠式的智能投资顾问服务，让投资更加全民化，有效弥补了财富管理版图中缺少的领域，从而实现真正意义上的普惠金融。

第7章　算法应用背后的产业发展

在前面五大领域的算法应用章节中，我们从生活视角切入，展示了算法与日常生活息息相关的公共、商业、医疗、工业和金融等领域的应用事例，厘清算法与个体之间潜在的连接，对算法应用的重要性有了进一步的感知和认识。

算法的发展既体现在富有温度的生活层面，也体现在带动社会发展的行业、产业层面。本章将从行业视角出发，探讨算法应用背后的产业发展。一方面，算法的产业化应用将人类的经验、智慧高度凝练，得以不断地传承和升级；另一方面，算法实现产业化后会成为行业加速发展的智能“积木”，通过借鉴、重组和改变，可以快速应用于其他领域，使其产生指数级的升级效果。

如此，我们才能更好地理解算法产业化的必要性和实际意义，梳理算法走向产业化所要经历的阶段，进一步提高对算法的关注度，加速算法产业化的成长。

从算法到算法产业化，离不开这十步！

通过解读算法在各行各业的落地应用案例，我们对算法的“生活气息”已经有了大致的感受。其实，算法从抽象的概念转化为实际应用，中间需要经历一步步的升级之路，最后才能成长为踏实稳重的人工智能“大咖”。

1. 数据清洗 & 特征管理

并不是所有的数据都可以输进算法指令，因为大量的数据不可访问，或者访问的时候难以贯通使用。因此，筛选数据、清洗数据并进行特征抽取和管理，是算法成长的第一步。

算法用到的数据需要进行预先处理，提炼出特征，才能成为有效的训练数据或测试数据。比如在政务领域，大量事务以文本为基础，这些文本是政务数据的核心，如要申请传递的文件、12345 热线工单等。文本和文本之间的差别很大，像是 12345 热线的文本就无法做统一化处理，否则很容易偏离原意——要么没有问清楚老百姓的诉求，要么写下工单的时候不明白说的是什么。

因此，我们需要先对各类原始数据进行数据清洗和特征管理，把优化文本、规范工单等作为第一步的工作。也就是说，构建算法前需要先“择菜”，筛选、处理出符合需求的特征数据，才能为下一步构建算法打好基础。

2. 算法构建

第一步工作做完后，就可以开始构建算法了。比如在商业消费领域，可以在已知消费者 30% 数据的情况下，推算出其 70%

的需求；如果已知 70% 的数据，则可以推算出另外 30% 的需求。理论上来说，知道的数据越多，推算出的需求越准确。为了能够使用数据进行分析、识别、判断或预测，就需要构建算法。

算法的构建需要不同人员的配合。一类是专业业务人员，也就是各行各业一线工作的人员，比如说有丰富破案经验的老民警。不过，老民警虽然是破案高手，但根据罪犯的犯罪规律提炼出破案规则却不是他的强项，不能做成规范、有序的破案指引。这时就需要另一类人员的加入，也就是专业技术人员，他们能够进行算法研发，从程序语言的角度进行破案流程的分析和判别。最后，加上既懂业务（能够提炼规则）又懂技术（能够研发出微软件或算法）的架构人员，三者配合，才能让构建的算法更加健全。

3. 算法升级

算法的雏形如果不经过“上课”学习，是无法直接使用的。换句话说，算法需要经过不断地训练和测试，才能真正地在实际项目中发挥作用。本书算法案例中反复出现的训练数据和测试数据，都是帮助算法升级的优质“教材”。

算法成长的过程中，需要实际的业务数据、经验数据作为构建的基础，等到有了雏形，再将另一部分实际数据拿来做测试，看看它学习的效果如何。经过多次优化，算法的准确度就会不断提升。

比如根据算法结果在地铁里抓小偷，假设一共算出有 10 名小偷，等警察实际抓捕时发现其中有两个不是小偷，就会将新的实际数据放入算法中，分析为什么算法会错误地认为这两个人是小偷，也就是对算法进行“回访”和“补考”，不断地对模型进行训练、调整，使得算法越来越“聪明”和“可靠”。

4. 算法软件化

算法经过不断地训练调整后，已成为“可靠”的一员，能够精准地进行预测，但仍需要人“手把手”地进行操作。因此，算法的下一步是实现自动化和软件化。如果实现了算法软件化，就可以自行计算，一旦输入相关数据，就可以得出需要的结果，也就是过程实现了自动化。算法软件化非常重要，能够使问题处理效率大大提升。

5. 垂直应用

算法重要的应用特点之一，就是可以针对垂直领域的业务问题给出解决方案，这是因为算法的理论模型就是构建在特定领域的具体业务问题上的。比如，用来诊疗冠心病的算法不能用来诊疗糖尿病，因为这两种疾病的临床表现、药物机理等均不相同，而冠心病算法就是用来精准地解决冠心病诊疗问题的。

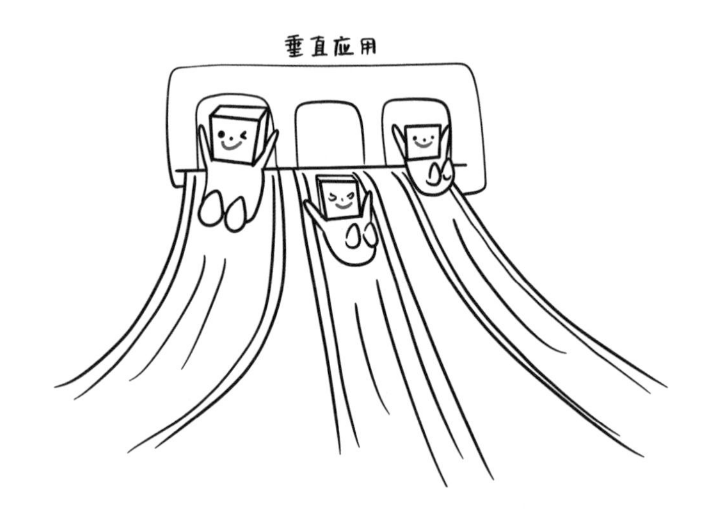

同样地，比如在城市管理领域，不同的部门会遇到不同的问题。燃气爆炸事故中需要针对燃气的安全做预测、预警；而为了减少城市自来水流失，需要把管道节点传感器化，根据水深、流速等判断故障位置，以及时进行维护和抢修。相比之下，燃气预警算法跟水管监测算法就不同。

6. 算法货架

在解决实际问题时，还需要建设一整套用于监测、分类、匹配、判断、干预的算法，并根据什么地方、什么情况需要用到什么样的算法，分门别类标注好，上到算法货架（也称为电子货架、算法池或算法库）中，以供需要时进行不同的组合。

这就好比，当我们有了很多衣服鞋包后，就需要用一个收纳柜来陈列它们并进行分类标注。需要的时候进行搭配和组合，即可应对不同的场合。

7. 算法组合

虽然算法通常是为了解决某个或某类问题而产生的，但其中的算法模块却并非只能解决一个问题。事实上，很多的算法模块都具有复用性，就像积木那样。比如用来发现虚假欺诈问题的算法，也可以用在税务系统里以辨别虚开发票问题。灵活搭配不同的算法模块，可以解决更多的问题，这就是算法组合。

此外，算法中间有一些模块可以单独拿出来，在其他方面发挥作用。比如一组算法中共有 12 个算法模块，其中 6 个算法模块可以直接移去另外的项目里使用。这种算法组合效应使得算法开发效率越来越高。

8. 算法加速

当我们有了足够多扎实、灵活的算法模块后，再开发新的算法就会越来越快捷，这就是算法加速。比如在政务服务领域，假设一个城区需要 3600 个热线算法，第一阶段起步时，一年只能开发 50 个算法；第二阶段，一年能够开发 200 个算法；而到了更成熟的第三阶段，一年就能够开发千余个算法。原因就在于“算法累积”和”算法借用”在后续开发中发挥着功效，站在巨人的肩膀上，自然开发效率会越来越高。

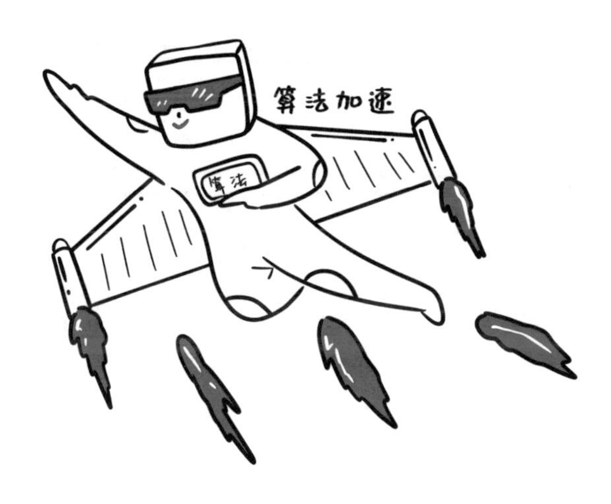

9. 算法集成

算法不断地茁壮成长，逐渐形成较为稳定的结构。

典型的应用算法集成就像一幢房屋，上层的房顶是综合算法，如做综合分析、排序、预测、问题筛选的算法，屋子的主要结构则分为前台垂直算法和后台技术算法。

前台垂直算法数量庞大，通常针对不同领域的具体场景问题，以提供相应的算法支持，如针对台风来袭的算法、针对政法相关场景的算法等。而要让这些算法更好地实现快速开发与高效组合，还需要后台技术算法来支持开发、优化、组合的工作。二者相互配合，才能推动算法产业化更快地实现。

10. 算法赋能

要想最大程度地发挥算法的威力，就需要让算法赋能各行各业，使我们的生产、生活实现质的飞跃。当算法完全发展起来以后，就能一赋能十，十赋能百，真正成为高度智慧的“大脑脑核”，即输即用。当真正有了以算法为核心的脑核理念，那么只要花掉 15% 左右建设系统的钱，整座城市、整个行业和整个企业的运作方式就会发生很大的改变。

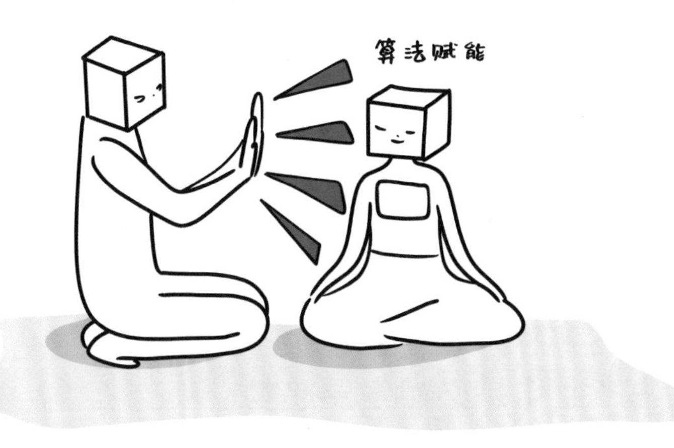

总之，算法在行业领域的落地应用并不是看上去那么简单，而是任重而道远。要想走得更远，还需要各行各业的努力以及更多的摸索实践，才能最终实现算法的产业化。不过，人工智能时代飞速发展而来，接下来如果要更好地实现数字化、智慧化，算法产业化是必然的发展趋势。

算法产业化是必然发展趋势

虽然算法面对诸多挑战，但它能够带来巨大的价值，也是未来一个企业甚至一个国家能否在竞争中脱颖而出的关键点。将来，各行各业都需要用算法来解决实际问题，这种将算法和行业领域有机结合的方式就是算法产业化，算法产业化是算法发展的必然趋势。

第一，算法产业化是人类经验的沉淀与延伸拓展。

举例来说，老民警对小偷的眼神、姿态等各种指标有着敏锐的直觉与经验，算法工程师将这些经验算法化，把老民警过去的经验、模式、做法变成一系列的指令，将其很好地转变为识别小偷行为模式的算法。这种行为识别算法落地运用后，可以在火车站、广场等人流量大的场所，从上万人中快速识别出潜在的行为不轨者。

第二，算法产业化具备方便快捷的特点，是推动社会高速发展的关键之一。

算法可以分布在不同的载体上，既可以放在网络端，也可以放在设备里，还可以放在物联网里，并部署在任何系统之上。比如机器人就可以直接嵌入算法硬件，不需要再单独为它开发系统。

举例来说，在政务服务领域中，当老百姓遇到政务问题而拨打 12345 热线电话的时候，算法能够立马转接对应的智能客服，帮助老百姓解决问题；在商业领域中，算法能够根据用户的喜好进行精准推送，让用户更容易挑到心仪的产品，大大减少选购时间；在医疗领域里，我们每个人可以利用算法动态实时地监测身体健康状况，实现重症早筛；在工业领域里，算法练就的“火眼金睛”，可以帮厂家及时发现产品瑕疵和生产设备缺陷，大大降低残次品率和维护成本；在零售领域里，算法可以根据优秀商家的经验和店铺监测数据构建模型，为商家提供经营解决方案……

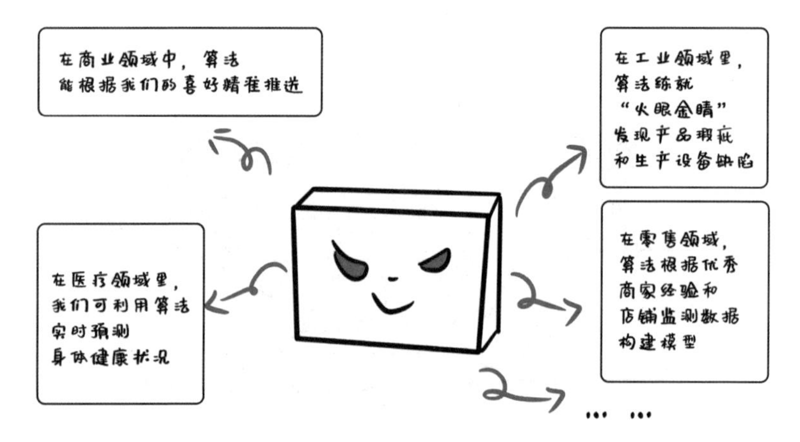

在未来，算法与行业领域的结合会更加紧密，从媒体传播到影视出版，从公安刑侦到社会治理，方方面面都会因算法的加持而焕发出不一样的光彩。当各个行业领域都用算法来解决问题，便是全面实现了算法产业化。

第三，算法产业化越发展，后续效益就越明显。

这是因为算法的复用性非常高，能够快速地丰富起来。可以将算法池看作“积木池”，不同积木可以搭建成不同的模型，算法也可以通过模块和模块的搭建组合，形成不同应用领域中的应用算法。在运用算法解决问题的过程中，投入成本会越来越低。

以政务服务领域为例，如果要实现政务服务领域的算法产业化，就需要算法池中的算法不断丰富。目前，虽然各城市都在积极推动算法应用研发，但拥有的算法数量仍然有限，整体政务服务算法还处于探索发展期。但既便如此，仍然可以将已有的基础算法进行组合、改进，使其适用于一些新的问题，不断地丰富迭代。

第四，算法产业化发展会创造大量的就业岗位，为更多的创业者提供可能性，蕴含着无穷的机会。

虽然算法产业化还是个“宝宝”，尚处在发育成长期，但推动算法产业化发展势在必行，这既是人工智能发展的方向，也是行业领域落地应用的真实需求。随着算法生态逐渐丰富，算法产业集群化、生态化高质量发展，拥有核心原创算法的中国人工智能产业也将占据世界 AI 产业高地。

不过目前，算法仍是最容易被忽略的要素。因为具体的算法治理涉及社会经济中方方面面的应用场景，这些都需要开发出具有针对性的应用算法。如今只有细碎、连续但缺少规模的预算投入规划，并且时刻受到最小管理单元操作者的要求与质疑。但实际上这也是算法的魅力之所在，即算法可以让基层的操作者也体会到数字化与智能化的优势，尤其是傻瓜式应用的实现，门槛低、上手快。

算法产业化创新是未来数字经济发展的关键所在。在所有的数字化走向智能化建设的产业要素中，算法是最为薄弱、短板、缺少足够明确重视度的环节，而这也将成为决定本阶段数字化建设最为关键的要素，即算法水平是衡量本阶段数字化水平的关键指标之一。

【拓展阅读】

1. 什么是算法治理?

只要是已经有了管理系统并且能够实现数据留痕的单位，当下的核心工作就是充分发展数据治理，使得数据具有更强的可访问性、可调用性和可防控性。在这样的基础上，再根据业务工作所需要针对的问题场景，形成相应的鉴别、判断、分类、匹配、解析、处置、预测、提示，以及推荐、搜索、查找等算法。例如，银行的风险控制场景、终端服务场景、运营管理场景；零售单位的门店配货场景、高效订货场景、终端与分拨中心对接场景；警务单位的具体案件场景、报案立案出警处置破案场景；税务部门的税额计算、发票管理、税务风险计算等场景。接着，由此形成专有的算法库，借助算法的软件化开发，形成具有快速自动分析、提示、决策参照、派单、监测功能的算法集合。这样的工作称之为算法治理。

算法治理工作需要分阶段进行，并持续进行升级。算法治理可以形成相应的算法中心和算法库，从而与数据中心匹配对应，极大地提升数字化治理水平。当算法治理程度足够高，在此基础上发展的控制实体工作与数字孪生工作的后台机制才能具备，强大的数字化运作生态就正式生成了。

2. 什么是治理算法？

治理算法，是指通过设定规范，处置算法开发和应用过程中存在的低品质、歧视、不当操纵等做法，以防范算法技术被用来损害消费者、公共服务对象和网络用户的合法权益。

2015 年以来，西方国家通过《算法责任法》立法，开始治理算法开发应用中的不良行为和算法技术滥用。我国网信部门针对网络推荐算法中存在问题的限制性规定和治理行动（重点针对电商算法、新媒体算法中包含歧视性指令、误导型指令、杀熟型指令等有侵犯消费者利益之嫌的算法），也属于治理算法之举。

算法本身就是具有快速高效运作能力的智能指令集，这些指令集既会受开发者与开发团队能力经验所限导致水平参差不齐，还有因设计者主观意识偏差而导致恶意指令置入，甚至会有一些具有违法犯罪目的的算法暗含其中。因此，我们既要运用政策力量推动算法的产业化发展，让算法要素得到快速发展，又要用好法律手段，对不良算法进行限制，对违规使用算法的主体进行责任追究。

考虑到算法治理本身将会在数字化系统上快速发展，因此无论是对算法作用模式的监测还是处置，都应充分用好算法技术，发展针对算法的监管体系，从而使数字化治理算法成为我国算法应用的特色。

衡量算法产业化的四个关键维度

虽然算法产业化是大势所趋，然而，“理想很丰满，现实很骨感”，作为人工智能三大要素之一，算法至今仍处于相对被忽视的情况。

算量（数据）这一要素已经在行业中率先实现了市场化和规模化，各个领域都有针对大数据的应用开发。尤其是在商业领域中，市场上有大量的互联网企业在大数据应用开发方面处于前沿位置。可以说，在产业化道路上，算量是妥妥的先行者。

算力为行业提供着血液和营养的支撑，决定着系统的“体能”，当前也已有了相当的规模。各类企业在算力身上投入大量的资本，呈现出蓬勃发展的局面。

唯独算法在当前得到的重视程度还远远不够，尚未形成产业化的发展。

算法未得到充分重视并形成产业化的原因主要有以下两点。

第一，算法模块相对分散。从商业落地的角度来说，每个产业场景都需要一套算法来解决问题，专业知识要求较高。比如要实现一个工业自动化流程，就需要用到几万个算法模块。而目前，国内的算法总量还远远不足，算法模块也相对分散，很难覆盖某一领域，形成快速的商业化和产业化。

第二，算法的可评判性相对模糊，导致其效果检验难度高。比如使用某种算法对电信诈骗案进行侦查，若破案率没有得到有效提升，使用者便会对算法的可靠程度产生质疑。从企业盈利角度来看，算法的投入产出比不好衡量，在短时期和小体量的运行情况下，有时看不出明显的效益提升。

如今，有许许多多的算法团队在针对问题场景给出自己的算法解决方案，为算法产业化贡献自己的力量。在算法与行业进行产业结合并落地运用的过程中，涉及产业化的效果评估问题。

一般来说，单个的算法可以从时间、空间、成本三个方面进行评估，即一个算法的好坏取决于所花费的时间、所占用的内存，以及成本问题。而聚焦到算法产业化层面，我们可以从可行性、创新性、开放性、规模化四个关键维度来对算法和产业结合的情况进行判断。

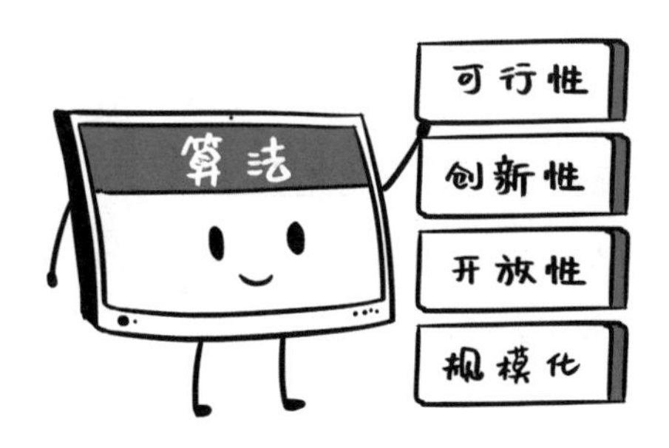

1. 可行性

可行性，指的是算法的每个步骤和策略都能够成为可执行、可落地的操作，也称之为“有效性”。大体上，可行性维度可以细分为典型性、必要性、可靠性、公平公正能力和泛化能力五个方面。

也就是说，算法聚焦的应用场景本身需要具备实际意义，其问题通过算法模型得以解决后可以带来一定的经济效益或社会效益，例如能解决交通拥堵、政务服务时间冗长、人力成本昂贵等问题。

具体来看，模型和数据也需要是可行的，即算法模型需要具备扎实和充分的业务经验和规则提炼。在模型构建和算法运用过程中，训练数据和测试数据的选择是否公平公正，也是需要评估的重要指标之一。此外，算法应用进行开放和训练所支持的数据的充分程度也应当纳入考量。

2. 创新性

创新性，是评判一个算法是否具有迸发新活力、能为行业乃至社会带来变革性影响的重要维度。即该算法应用是基于创造性的集成算法，还是基于经典、开源的算法，是“开天辟地”还是“站在巨人的肩膀上”，其答案的不同直接影响到其创新性的强弱。

此外，算法的高效性、逻辑性和显著性也是重要的考量指标。

高效性指的是算法“干活”快不快、质量高不高，即是否能花费更少的时间和资源来解决问题，节省劳动力和成本；逻辑性指的是算法模型的逻辑体系是否可以表述清晰，是否有严谨的策略流程和框架结构；显著性指的是算法应用于场景后，能否比原来的方案更有效地解决面临的问题。

3. 开放性

开放性，指的是所形成的算法模型是否可以跨平台运行，是否与其他算法模块之间具备链接条件。换句话说，算法模型是否可以成为一个灵活、可拼接的“积木块”，在需要时接入其他系统或平台中，让算法在更多的领域或具体问题中发挥效用，减少重复的研发投入。

可以说，算法的开放性是算法产业化发展进程中的重要衡量指标。这意味着算法是否能更快速地与产业进行融合，带来指数级的更新迭代。算法落地时的接口越多，与其他算法模块的友好度越高，则越能高效地解决问题。

4. 规模化

在解决实际问题的过程中，不只要考虑算法本身，也要考虑现实因素，即成本相关问题，包括人力、算力、推广成本、覆盖成本等。一是该算法能否进行复用推广，二是所形成的算法是否周全，能否覆盖大部分应用场景。

如果算法落地应用需要耗费大量的劳动力，或与传统的成本情况相比无突破性的收益，则该算法很难进行大规模的推广。反之，如果一个算法能反复利用，能解决更多的具体场景问题，且门槛相对不高，则有利于进行推广，形成规模。

目前，对算法产业化的落地效果评估仍在讨论之中。随着算法产业化推进步伐的加速，算法的成效问题将得到广泛的关注。

第 8 章　你是哪种算法人才

看到这里，我们对算法的认知已经越来越清晰。在其独特的机器魅力的背后，实际上蕴含着人类的智慧和创造力。

算法人才作为数字化时代的新型人才之一，既需要拥有数据洞察能力、逻辑策略能力、沟通协调能力等软实力，还需要在业务技术层面具备扎实的硬实力，是名副其实的复合型人才。同时，算法人才的主要职业方向可以分为研究开发类、应用开发类和运维技能类三大类别，从不同的角度解锁算法世界的奥妙。此外，为了夯实技能，与更多的算法伙伴探讨切磋，算法赛事活动层出不穷，亟待更多算法人才的参与。

成为算法人才绝非一朝一夕之事，但这也正是算法领域的亮点之处，人们能够以不断求索的脚步丈量算法世界的辽阔，体会技术为生活带来的点点滴滴的改变。

要想成为算法人才，这些必备技能你得知道

算法产业化不仅需要市场端的需求拉动，也需要人才端的技术推动。目前，各行各业已经涌现出许多优秀的算法团队，海归人才、海外算法人才与本土算法人才协作配合，形成了众多能够面对真实问题、切入需求场景，并产生应用成效的算法典范和前沿团队。

然而，算法要实现产业化，离不开大量本土人才的投入；与此相对，国内的算法人才储备严重不足，有着巨大的缺口。

究其原因，一是因为在很长一段时间内，国内大学都未开设算法专业，只有算法导论、算法概论等少量算法课程，算法长期以来属于弱势学科，而美国和英国等欧美国家的大学则在算法专业上具有领先优势。

二是相比来看，欧美大学的应用数学水平也相对较高，博弈论、运筹学等学科也为算法专业提供了数学人才基础。

长期关注算法产业化发展的零点有数董事长袁岳博士曾说：“在我国系统化数据治理工作取得阶段性成就的基础上，当前数字化建设的关键是数据智能应用和数据智能分析为核心的新阶段，这个阶段不能取得显著的成就，则数字孪生和元宇宙就是空中楼阁。因此基于算法产业化的需求学习和开发数据分析与数据智能应用，无论是在工业智能，还是在城市智能、金融智能、商务智能、医疗智能领域，都是当务之急。现在进入算法技术领域的人才，都是中国第一代算法应用人才。”再次强调了算法人才的重要性和发展前景。

如果你对算法行业充满好奇甚至跃跃欲试，那么拥有以下几大技能，你就有可能成为推动中国算法产业进步的技术人才！

软实力层面

1. 数据洞察能力

据统计，在面向业务应用的算法工作中，约有六成的时间会被用来研究数据和特征问题，这对算法人才的数据敏感度提出了要求。数据敏感度本质上是一种数据洞察能力，是算法人才必备的基础能力之一。

这种洞察力其实是个人数据修养和业务能力的综合体现。同样的一组数据，有人能一眼看出解决路径，有人能一眼看出错误异常。具有高度数据洞察力的算法人才更有机会以数据为切口，去发现和分析最本质的问题。

打个比方，数据敏感度高的人，看到数字会两眼放光，进入数据的世界中，每组数字的背后都展现出对于实际问题的不同解答，在特殊数据面前他们会停下脚步仔细分析，对数据蕴含的奥秘有着无穷的求知欲和好奇心。

2. 逻辑策略能力

逻辑策略能力也是算法人才必不可少的技能之一，简单来说，则可细分为条理性、结构化、创造化的思维框架能力和问题解决能力。面对一个实际问题，能够不被繁杂的表象所困住，抽丝剥茧地梳理出重点和关键之处，并且依据开发时间、资源力量、算法性能等方面给出合适的解决方案，甚至可以举一反三，将其解决思路应用在别的问题上。就像下棋时不仅要考虑当下这颗棋子怎么落，也要考虑整个回合的战略，由点及面，有清晰的方法路径。

具备逻辑策略能力的算法人才能够精准洞察出数据中隐藏的规律和逻辑，依据关键点和需求点构建出具备可行性和创新性的算法方案，进而在实验训练和应用过程中发现问题点，并进行优化迭代。

3. 沟通协调能力

算法人才并不只是坐在电脑前敲键盘的码农，理解产品、分析需求、以目的为导向设计算法模型也是重中之重，这就要求算法人才具备一定的沟通协调能力。

算法领域的技术型人才与市场端、产品端的人才之间，有着不同的问题考虑角度和专业语言。一名合格的算法人才，一方面要能够跟非技术型人才顺畅对话，深入浅出、通俗易懂地解释清楚方案原理、技术概念等；另一方面也要理解市场和产品，与需求端不断协调配合，有效统筹合作，让需求实现落地。

因此，沟通协调能力强的算法人才，可以和项目经理或产品经理保持有效的联系，并及时反馈问题，积极主动推进项目，情商、亲和力、共情力三者兼具。

业务技术层面

1. 扎实的专业知识基础

扎实的专业知识基础是每个算法人才的基本功，是上战场必须要带的“枪”。大的方向上，需要熟悉系统、算法的发展路径和模型结构；小的方向里，则需要知道算法参数的含义、特征的使用和提取处理方法等。例如，分类、语义分割、强化学习、3D视觉、自然语言理解和图像处理等常见的算法，算法人才都需要有所掌握。

专业知识就像做菜的“食材”，只有食材丰富、熟悉做法，才能在需要的时候进行灵活取用，赋予算法真正的生机，将其高效运用至各个行业场景之中。

2. 工具应用和实践能力

如果说专业知识是“食材”，那么工具则是所需的“烹饪器具”。只有切实掌握对工具的应用和实践能力，才能真正地在实际工作中拥有操作空间。一般来说，算法人才需要在深度学习和机器学习领域有所钻研，具备扎实的编程开发技能，能熟练地将专业知识运用在行业场景或具体问题中。

在深度学习领域，主要有五种流行的编程语言，即 Python、Java、JavaScript、C++ 和 R 语言。

- Python：据统计有 57% 的数据科学家在使用 Python，其以独立于平台、易读性高且相对简单而闻名。
- Java：拥有大量的现成代码库和可用的开源工具，是初学者的最佳选择之一。
- JavaScript：主要用于 Web 开发，也适用于在浏览器中构建机器学习模型。
- C++：具备高效率和高性能，据统计，在游戏和机器人技术方面有 44% 的深度学习工程师使用 C++ 进行开发。
- R：植根于数据和统计的开源语言，优点在于附带了大量扩展包，无须从头编码，扩展包内写好的统计技术可以直接使用。

在机器学习领域，则主要涉及了统计、概率、计算机科学和算法等学科。一般来说，需要学习线性代数（矩阵运算、投影、因式分解等）、概率论与统计（概率规则和公理、贝叶斯定理、随机变量等）、微积分（微分、积分、偏导数等）和算法（二叉树、散列、堆、堆栈等）等课程。

“装备齐全”之后，算法人才便可以尝试解决具体问题，这个过程就类似于求解数学中的应用题，要尝试运用各种理论和公式得到最优解。通过分析业务问题、收集梳理数据、特征提取、建模、设计算法方案等来解决难题，这就是一种工具应用和实践能力。

总体来说，优秀的算法人才需要有较好的算法技术或者应用数学训练打底，有适当的社会科学、应用科学或者场景科学作为应用训练，同时结合适度的实习与专业课题研究，最后才是介入解决真实问题的数据技术应用场景中。

期待在未来能有更多优秀的算法人才和算法团队出现，能在算法产业化逐渐得到重视的今天，共同突破中国的算法发展瓶颈，促使算法产业化进入发展的快车道，进而推动中国的智能化产业，在算法技术的逐步到位与快速强化下，脱虚向实，更显真效。

看看你是哪种算法人才

即使你已经掌握了从事算法工作所要求的各项必备技能，来到实际岗位面前也可能会一脸迷茫：算法科学家、算法工程师、算法研究员、算法产品经理、架构师……这些都是干啥的?

人工智能属于高度知识密集型产业，算法又是其中的“绿洲”，亟须更多的新型人才来探索。随着算法技术的快速更迭和应用落地的不断推进，社会对算法人才的技能要求在不断刷新，企业招聘的算法岗位也在不断推陈出新。

那么，进入算法领域后，怎样在学习实践的过程中发现自己的兴趣方向和发展道路呢？一起来看看吧！

整体来说，算法世界中存在着三大职业方向可供算法人才选择，分别是研究开发岗、应用开发岗和运维技能岗。

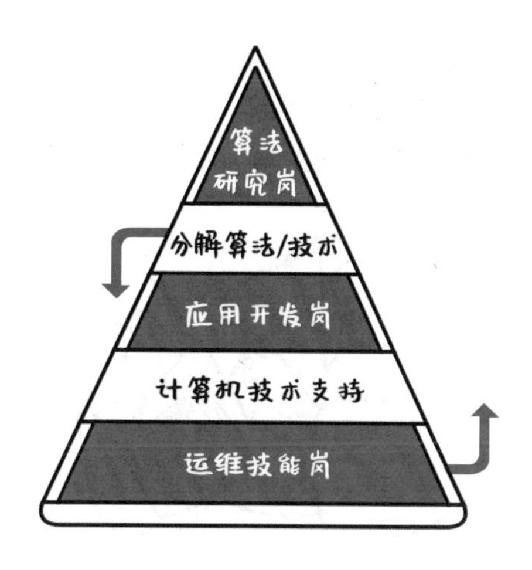

算法界的“魔法师”——研究开发类人才

研究开发类岗位的关键词是“创新”和“突破”，他们可以像“造物主”那样，对人工智能前沿理论进行深入的研究探索，与实际算法相结合，创造出更优质的技术解决方案，相当于是算法世界的排头兵。

一般来说，研究开发类岗位除了要求算法人才掌握扎实的理论基础，还要求其对人工智能的先锋模块保持兴趣和钻研，同时能够通过创新性的组合来解决问题。这对算法人才的数学能力和AI基础理论知识储备提出了较高的要求。

算法界的“炼金师”——应用开发类人才

如果说研究开发类岗位的“魔法师”是创造者，那么应用开发类岗位的“炼金师”则是让算法梦想照进现实、落地转化的建设者和推动者。

应用开发类岗位的重点在于算法挖掘和应用，他们的职责是将各种算法技术和行业需求进行有效结合，从而实现相关应用的落地运行，并尽力让成本（如人力、算力、市场成本等）降低，使其有更广的应用面。

成为优秀的算法“炼金师”也需要进行大量历练。他们需要熟悉各种操作系统的开发环境和语言，以及大数据处理计算框架等工具，并且具备将抽象的算法转化为具体解决方案的能力。也就是说，他们需要将给定的模型或算法转化为可在实际应用场景中实现的内容。还有一些算法“炼金师”需要对大型的、复杂的业务应用进行设计和架构，并对各种系统运行过程中遇到的优化问题提供解决方案。

算法界的“骑士”——运维技能类人才

在有了各种充满创造力的算法和可运用于行业场景的算法模型或系统后，就需要有一类人才对算法进行定期的“保养”和“维护”，这就是算法界的“骑士”——运维技能类人才。

运维技能类人才是算法界不可或缺的存在，他们的职责是保障算法落地应用的快速高效化，并且保障应用能稳定运行。

编程开发和系统维护的相关知识技能是算法“骑士”必须要掌握的，他们要能够对用户遇到的具体问题进行分析和排查，并有针对性地提供技术指导，确保问题得以及时解决。有时他们还需要保障工程化项目的落地，快速定位客户需求，并且快速发现关键问题。

总体来说，如果你更爱业务，想解决实际业务中的算法问题，可以考虑运维技能类岗位；如果你更爱算法研究，想解决有挑战性的算法问题，那么就可以考虑从事应用开发类岗位甚至是研究开发类岗位。

在算法的世界中，每位算法人才都可以思考自己与三大类型岗位的匹配度和兴趣度，找到适合自己的位置，与其他算法小伙伴相互协作，共同推动算法产业化的发展。

不可不知的算法界盛宴

当我们具备了扎实的基础技能，在兴趣方向上专注地投入成长，在真正入门之后就可以尝试去感受算法舞台的魅力。人工智能日新月异、快速发展，我们不仅可以利用各类赛事来进一步提升个人的实力，还可以拥有更广阔的前沿行业视野。

各类算法竞赛都对算法人才有更多的期待，除了深厚的算法功底、编程能力和创造性思维，还要具有团队精神和抗压能力，才能在激烈的竞赛中迸发出新的火花并有所斩获。

不得不提的大牛奖项

美国计算机协会（ACM）设立了一个奖项，相当于计算机界的“诺贝尔奖”，并且以计算机界的老大——艾伦·图灵命名，也就是大名鼎鼎的图灵奖。

图灵奖的获奖条件要求极高，评奖程序极严，一般每年仅授予一名计算机科学家。换句话说，如果有人能像计算机界的阿基米德，用一个支点撬起整个领域，那么他就是妥妥的图灵奖后备人选。

比如有个著名的公式算法叫“贝叶斯网络”，而“贝叶斯网络之父”朱迪・珀尔便是 2011 年的图灵奖得主，他凭借一己之力推动了整个人工智能技术的发展，被誉为“人工智能领域先驱”。

而在国内，也有着类似的超高级别的奖项——吴文俊人工智能科学技术奖，该奖项代表着中国人工智能领域的最高荣誉，一般颁发给取得重大科技突破的科学家或团队组织。

国内外知名的算法赛事

仰望过行业的巨人，见识过绚烂的星空之后，我们更需要专注于自身、脚踏实地，从基础的算法赛事开始历练。接下来，我们将目光聚焦于人工智能领域，看一下有哪些含金量较高的重量级比赛。

ACM 竞赛是国际上最知名的算法赛事之一，其全称为“ACM 国际大学生程序设计竞赛”。ACM 竞赛的目的在于推动 AI 人才培养、发掘顶尖 AI 人才，被誉为“计算机软件领域的奥林匹克竞赛”，烧脑度破表，是群英荟萃的国际性重磅舞台。

DIMACS 算法挑战赛是计算机领域历史最悠久、最专业的国际专业算法竞赛之一，于 1990 年由美国离散数学和理论计算机科学中心发起，致力于研究前沿的应用难题。

此外，一些国际知名企业也会在每年举办算法挑战赛。比如谷歌自 2003 年来举办的国际编程比赛——Google Code Jam（谷歌全球编程挑战赛），需要算法人才在限定时间内解决特定的算法问题，以此来选拔顶尖的算法人才。

还有脸书每年举办的 Facebook Hacker Cup（脸书黑客杯），吸引着世界各地的算法人才，这也是脸书吸引出色人才加盟的重要平台。根据规则，预选赛的前 25 名会被邀请到脸书总部进行决赛，优胜者会被授予全球“最佳黑客”称号并获得 5000 美元奖金，闪耀全场。

在国内，也有许多知名赛事在不断地为算法人才创造着展示舞台。蓝桥杯大赛全名为“蓝桥杯全国软件和信息技术专业人才大赛”，是由国家工业和信息化部人才交流中心举办的全国性赛事。截至 2021 年，共有北京大学、清华大学、上海交通大学等共计 1600 余所高校参赛，累计参赛人数超过 50 万。其专业化水平也获得了教育部和各方认可，证书含金量高，是赛事中的一大

“香饽饽”。

除了经典算法竞赛，新锐前沿的赛事也在不断涌现。例如应用算法实践典范大赛（BPAA）聚焦于算法在应用领域的开拓，挖掘创新和创意的算法应用，具备较强实践性和落地性。不同的算法团队参与其中，其算法项目涵括了算法应用频度最高且内容最丰富的五大领域，呈现出在不同产业中算法多元化应用的广阔图景。

此外，百度的百度之星大赛、腾讯的腾讯广告算法大赛、阿里巴巴的天池大数据竞赛等都会针对相应的领域设置算法问题，让各路算法人才和大神进行团队战或者单人挑战，给予各种崭露头角的平台与机会。

参加赛事活动是算法人才在进阶之路上不可或缺的一环，既可以在实际挑战中快速提升算法应用和问题解决的能力，也能够真实地接触到行业前沿问题，领略专家大咖和其他伙伴带来的不一样的行业风景。

未来，期待有越来越多的算法赛事与算法人才涌现，再加上政策与产业界的密切配合，政、产、学、研、用融合联动，共同助推算法产业化之路越来越宽阔。

第 9 章　算法安全刻不容缓

科幻电影中，人工智能大多以一种机械、冷漠且残酷的形象出现，更像是无情的工具；抑或是产生了区别于人类的逻辑或情感，从而带来一系列的法律或道德问题。

实际生活里，人工智能还处于弱人工智能的阶段，其“人性”还远没到显现和成熟的阶段。但既便如此，在利用人工智能算法处理问题的过程中仍然会存在偏见歧视、违背伦理道德、侵犯隐私等现象，还有可能会被当成工具甚至武器加以利用，借此来钻法律漏洞，构成算法安全问题。

算法安全问题日益突出，得到了越来越多的关注，世界各国政府也都开始采取行动，用立法来对其进行制约。如中国发布人工智能治理的三大指导性文件，即《中华人民共和国网络安全法》《中华人民共和国数据安全法》《中华人民共和国个人信息保护法》；美国出台《算法正义和在线平台透明度法案》；欧盟发布的《人工智能白皮书》等。

算法在为人类带来高效、便捷生活的同时，必然伴随着各种值得讨论的困境和问题，其解决思路和方向将使得算法合规性、合理性甚至“人性”得以进一步健全，有利于算法领域的成熟，是未来算法发展的必要研究领域。

走到台前的算法安全

大家已经了解到，算法就是为了解决特定问题或者达成明确结果而采取的一系列步骤，算法产业化已经逐渐受到众人关注，并在幕后影响着人们实际生活的方方面面。

人工智能通过收集和分析互联网生成的大规模数据，逐渐发展出可让机器自主学习的各类算法。而在各种生活场景中，算法通过把人类输入的海量数据作为学习资料，提炼出规律和模式，进而为人类提供参考。

然而，算法在幕后工作时，很有可能因为复杂的运行环境或数据问题，导致在训练和推理阶段遭遇数据投毒、标签操纵、样本修改、特洛伊攻击等多种形式的攻击。而台前呈现出的效果，也促使人们开始思考：在人工智能时代，算法是否增强了人们的偏见？是否会给公共秩序或商业领域带来不可预测甚至毁灭性的决策影响?

随着人工智能的发展，算法安全成为人们需要考量的重要方面之一。如果无法保证算法安全，大到军事领域，小到外卖点餐，都很有可能给人类带来致命的后果。

总体来说，无处不在的算法如果不加以治理和引导，算法的不安全将会威胁到信息安全、伦理安全、市场秩序、公共利益、国家安全等五大方面。

影响信息安全

人工智能时代，算法与我们的衣食住行等生活场景高度融合，难舍难分。其实很多人已经意识到，人工智能就像一双无法躲避的“眼睛”，时刻注视着每个人的言行，随时记录在“小本本”上。

为什么我们在聊天软件中和朋友提到的“洗衣机”，会在几分钟后就呈现在购物软件的首页推荐上？为什么那么多的公司中介会知道我们的电话号码甚至租房信息？

更有甚者，用户信息被直接盗用，用户像“砧板上的鱼肉”一样任人宰割。

造成伦理偏见

算法的高效有时也会成为双刃剑，带来偏见甚至歧视。举例来说，在就业方面，如果算法未考量到人文关怀和社会偏见，其计算出并推荐给招聘企业的“合适人选”就很有可能会加深性别歧视，比如不聘用或者少聘用已婚女性等。

国外有研究表明，法官在饿着肚子时，对犯罪嫌疑人会更加严厉，判刑会相对较重，所以有“正义取决于法官有没有吃早餐”这句俗语。但是，即使有算法的加入，也难以完全消除歧视问题。比如，美国有些法院使用的犯罪风险评估算法 COMPAS，就被证明对黑人造成了系统性的种族歧视。

因此，如果不对算法的安全性加以考量，直接应用于犯罪评估、信用贷款评估、雇佣评估等关乎人身利益的场合，就极有可能影响到某些群体或者种族的合法权益。

此外，算法安全中的伦理考量还体现在责任界定上。例如，如果无人驾驶汽车发生车祸，那么造成的人身伤害和财产损害应该由谁来承担责任？这类难以界定责任的伦理问题，有可能会在未来产生责任鸿沟。

干扰市场秩序

算法本是以技术为人类谋求高效运转、提高社会福利效益的工具，但如果被不怀好意的人以自身的利益为出发点加以利用，则会成为违法行为的“帮凶”。

例如，有一些不良商家通过算法实施流量劫持、恶意干扰、广告屏蔽、虚假刷单、操控排名等行为，借此来达到商业目的，不但会严重扰乱市场秩序，甚至会导致劣币驱逐良币。

此外，算法还可能会被利用以实现定价垄断。某些平台通过定价类算法模型，使同种产品的市场价格一致，限制线上电子产品零售商的自主定价能力，还有可能监测其他经营者的情况，对竞争商家进行处罚、屏蔽甚至干扰，严重违背公平竞争的市场导向。

对个人而言，互联网平台的“杀熟”行为也是近年来被关注较多的问题。部分商家根据用户画像来区别对待用户，对不同的人群显示不同的产品价格，以达到牟利的目的。

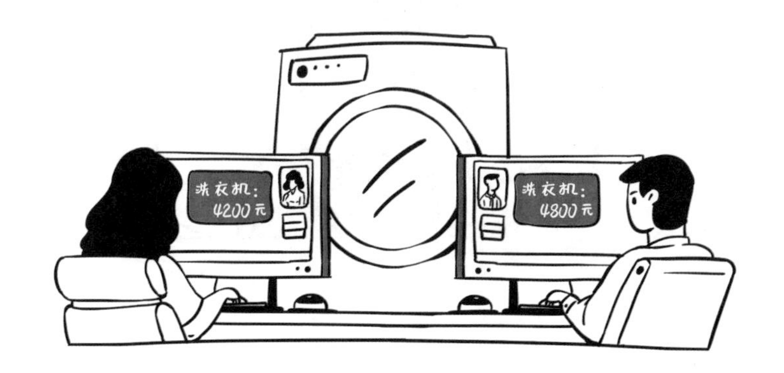

损害社会公共利益

互联网让人们获取信息的成本大大降低，且渠道更加多元丰富。然而信息爆炸的时代，人们对信息的甄别显得愈发困难。有的网站为了获取流量，会起各种惊悚、低俗甚至煽动性的标题，内容也真假难辨，严重干扰了人们对正确信息的需求。而算法则有可能根据点击量来调整曝光度和推送量，对内容真伪的识别却较为模糊，从而使虚假新闻得到大范围的投放传播，影响社会的公共安全。

此外，某些平台的算法会对用户制定带有强制性的规则甚至霸王条款，比如下载游戏时强制用户接受各种超长的服务条款，干涉用户的自主选择权，损害用户利益。

威胁国家安全

国家安全体系涉及政治、国土、军事、经济、文化、社会、科技、网络、生态、资源、核以及海外利益等多个领域的安全。在国家信息安全领域，“棱镜门”事件的曝光，使得各国长期处在信息监控和信息泄露的不安全状态浮出水面。

在军事领域，算法成为重要的军事战争工具，不断扩大的算法鸿沟将为国家安全带来严重挑战。在算法开发和应用上占据优势的技术发达国家，将具备更多能力和渠道来剥削、控制、威慑或讹诈技术上处于劣势的国家，甚至会因算法的“级别”和复杂性程度不同，直接利用人工智能对其他国家开展军事攻击。

可以说，算法的不安全不只是泄露隐私这么简单，它演变为一种新型的控制、霸凌、犯罪工具，甚至成为了国际智能化战争的博弈焦点。因此，国家对算法安全的治理、社会对算法安全的重视和引导、算法人才本身的素养和良知，都将是构建算法安全社会的关键部分。

算法安全治理刻不容缓，世界在行动

近年来，针对日益突出的算法安全问题，国际上出台了各种针对算法安全的政策条例，以创造安全、和谐、共赢的算法环境。

增强信息公开透明性

美国于2021年5月出台《算法正义和在线平台透明度法案》，提出了一系列措施以确保平台在算法使用过程中履行审核和透明度义务。英国则发布了《人工智能决策说明指南》，为算法解释提供了指引，要求对算法决策的原理和逻辑进行解释公开，提升算法的公开透明性。

在亚洲，日本2021年开始实施《改善特定数字平台上的交易透明度和公平性法案》，明确特定数字平台供应商需要将数据进行公开，以期打造透明度高的经营环境。

减少隐私伦理问题

除了为提升信息公开透明度所采取的措施外，各国也针对隐私和伦理问题出台了一系列政策法规和指导性文件，以营造良好的算法环境。

在欧盟2020年发布的《人工智能白皮书》中，将伦理监管作为重要政策目标，为保护公民隐私和数据安全制定了一系列措施，例如人工智能相关企业必须通过有关部门审核才能进入欧盟市场。

中国进入算法监管 2.0 时代

自 2016 年起，中国就出台了多个文件用以对人工智能领域进行规划和指导，如《“十三五”国家科技创新规划》《促进新一代人工智能产业发展三年行动计划（2018—2020 年）》等；同时，着重聚焦于商业领域，对金融机构资产管理、企业恶性竞争、APP 规范管理等方面进行约束和规定，如《关于规范金融机构资产管理业务的指导意见》《中华人民共和国反不正当竞争法》《App 违法违规收集使用个人信息行为认定方法》等。

可以说，2016 ~ 2020 年是中国算法监管的 1.0 时代，2021 年则正式进入算法监管的 2.0 时代，对算法安全治理进行了强有力的规范。其中，《中华人民共和国网络安全法》《中华人民共和国数据安全法》《中华人民共和国个人信息保护法》并称为人工智能治理的三大指导性文件。

此外，国家互联网信息办公室也专门发布了两大算法治理相关文件。一是《关于加强互联网信息服务算法综合治理的指导意见》，目标是在三年时间内逐步建立起治理机制健全、监管体系完善、算法生态规范的算法安全综合治理格局；二是《互联网信息服务算法推荐管理规定》，旨在规范互联网信息服务算法推荐等相关活动，维护国家安全和社会公共利益，保护公民、法人和其他组织的合法权益，促进互联网信息服务健康发展。

除了出台相关文件，我们还能如何构建良好的算法生态，尽可能规避算法带来的风险呢？

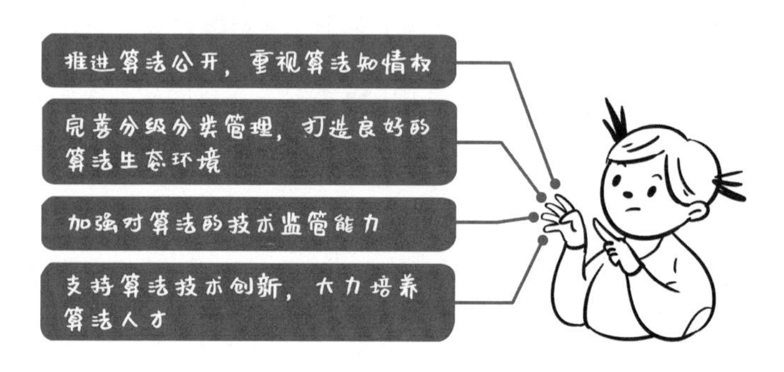

第一，推进算法公开，重视算法知情权。例如，企业和商家在使用算法进行推荐服务时，应主动告知用户相关的算法情况，并给予用户说“不”的权利。

第二，完善分级分类管理，打造良好的算法生态环境。例如，针对未成年人被推送不良内容的情况，应该逐步完善分级分类管理，积极呈现符合价值导向的信息内容。

第三，加强对算法的技术监管能力。算法监管工作应积极适应智能化的发展特点，与时俱进，着重利用技术手段防范算法滥用的风险，对算法平台进行安全测试和风险提示，同时建立起算法的人工审查制度，人类与机器共同开展决策支持行动。

第四，支持算法技术创新，大力培养算法人才。人才是算法产业化发展中不可或缺的部分，是算法技术创新的驱动力。一方面，算法人才本身的素质培养亦是提升算法安全等级、打造优质算法的基础；另一方面，算法人才聚焦算法安全领域进行技术创新，以技术保障技术，方能实现算法发展的正向循环机制，确保国家在未来的算法竞争中占据优势地位。

算法是人工智能的基础，是实现智能化决策、指挥和协同的关键因素。算法安全问题不仅需要关注对个人权利的尊重，更需要关注其对安定社会秩序的影响力。

从个人角度来说，我们都有维护算法安全的责任，每个人都需要增强对不良算法的“免疫力”和“抵抗力”，重视算法安全；从企业角度来说，应始终坚持“以人为本”，始终让算法技术在“向善”的道路上推进；从国家角度来说，算法安全不仅是维护公民合法权益的重要议题，更是国家智能化建设的有力武器。